症状と病名からひける

猫の医学大百科

キャットホスピタル獣医師
NPO法人東京生活動物研究所理事長
南部美香◎著

ペットのホームドクターシリーズ

日東書院

猫の医学大百科・目次

CONTENTS

飼い方による危険度チェック

猫の医学大百科・索引 INDEX

シ

ス

セ

ソ

タ

チ

ツ

テ

ト

ナ

ニ

ネ

PART 1 ...Introduction

好奇心と警戒心を併せ持つ不思議な隣人と暮らせる幸せ。猫は警戒心の強い動物として知られていますが同時に好奇心が旺盛な動物でもあるのです。

警戒心と好奇心、この一見すると矛盾する二つの性格は、野生動物が持っている警戒心と、文明を発達させてきた人間の持つ好奇心なのです。ですから私たちがこの二つの性質を、まさにネコの目のようにくるくるとかえる猫に魅力を感じるのではないでしょうか。

人間とはまるで違う動物ですが、人間の根本にある特性を持つ不思議な隣人と暮らせるチャンスは、誰にでもあります。

この本が、人類が長い間大切にしてきた、猫というパートナーとの快適な生活の手助けになれば嬉しいと思っています。

❶……猫という生き物を考える

どのようにして日本に来たのか、猫のルーツを探る（猫の歴史）

今から遡《さかのぼ》ること五千年前に、エジプトで猫が人間に飼われていたことは皆さんもご存じだと思います。猫はミイラにもなっていることからわかるように、神格化すらされていたようです。

しかし人々にとって猫は現代のようによきパートナーとしての役割も果たしていたのです。猫と一緒に暮らすという楽しみは時代を超えて人類共通の喜びであったといえるでしょう。

猫の歴史をさらに遡ると、九千五百年前に人間とともに埋葬されていた猫がキプロス島の遺跡から発見されています。この事実は人間と猫が出会い、ともに暮らすようになった時期を証明する事実でもありました。残っていた猫の骨からその猫はリビアネコではないかと考えられています。

リビアネコは現在、私たちと暮らす猫のルーツといわれていることから、この猫が最も古い猫であるとされています。それでは九千五百年前に始まった、人間と猫の生活はどのようにして世界中に広まっていったのでしょうか。興味深いことにそれは、人類が世界に分布していったルートに似ています。

猫が人とともに暮らすようになった場所を、地中海とすると、そこからヨーロッパへ進むルートと、中東を経てアジアへ広がるルートがあります。人類の歴史で、農耕文明が広まると、それに伴い穀物の貯蔵が始まり、ネズミの被害

が起きるようになりました。人々は猫を飼うことでネズミの被害を抑える事ができることを知り、猫のハンターとしての性質をうまく利用するようになったのです。

日本へは、平安時代に仏教の伝来とともにやって来たと考えられています。当時は唐猫とよばれていました。千百年ほど前のことですからエジプトで猫が飼われてから四千年もたってやっと日本に猫がやってきたということなのです。

現代の猫は、家畜化された動物である

現在世界中に暮らしている猫は、骨格や体型、生理的機能などはリビアネコと変わりはありません。リビアネコは現在も野生動物として生活しています。リビアネコと家猫の大きな違いは、人間と暮らしているか、そうでないかということです。

人と暮らす動物は家畜といいます。猫も数千年の月日を経て野生動物から家畜へと変化してきたのです。しかしこの変化はあまり大きなものではありません。生物の進化には、数千年の時間では短すぎます。現に人間もエジプト時代から進化したとは言えません。

ただ猫は野生の頃よりも、多くの被毛のバリエーションを持つことになりました。白い猫や黒い猫、タビー（縞模様）にも色々種類がありますし、ひとつとして全く同じ模様はない、と言ってもいいくらいです。模様の違いは被毛の色を決める遺伝子の突然変異に由来するもので、野生ではあまり見られない現象だと思います。

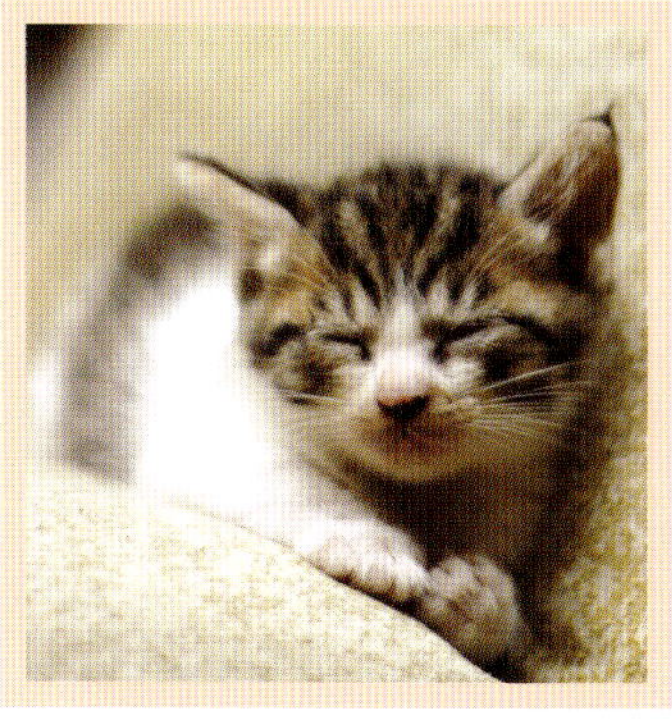

野生動物のころの特性を数多く持っている

猫は野生時代と被毛の様子が違ってきましたが、体の機能は野生時代のままであるといってもよいでしょう。なにしろ猫は肉食動物であり、狩りをして生きていく動物であることに変わりはありません。

瞬発力に富んだ筋肉と軽く丈夫な骨格は、ハンターとしてなくてはならないものです。体は小さくても野生のライオンやトラとなんの違いもありません。肉食動物の持つ雄々しさと優雅さが私たちに抱っこできるサイズなのですから、驚かされます。腎臓が尿を強力に濃縮する機能は、乾燥した砂漠地帯で暮らしていたリビアネコの時代そのままです。

また、交尾排卵という独特の生殖方法もオスとメスの出会う機会の少ない単独生活をしていた、野生の頃と全く変わりありません。食事にしても、キャットフードを食べている猫からはちょっと想像できないかもしれませんが猫はネズミを捕って食べる生き物なのです。これは以前から変わることのない事実です。

人と共に生活できる肉食動物

家畜の多くは人間にその体を提供することで貢献してきました。肉や被毛、皮革、乳汁を人間のために差し出してくれます。馬車や、犬のように狩猟には欠かすことのできない動物もいます。多くの家畜が草を食べる草食動物で、豚や犬は人間同様雑食動物です。

ネコは肉食動物であると同時に人間と共に生活できる唯一の存在なのです。草食動物は人間の食べることのできない草を食べてそこから動物性タンパク質を生み出してくれます。猫の食

事はネズミや鳥であるため自分で自分の食べ物を調達することができます。人間にネズミを捕ってもらう猫はいません。人間と暮らせば自然にネズミがその周りについているのです。肉食動物には環境が重要ですが猫には人間との生活が環境として欠かせないのです。

　これはライオンに大草原とそこに暮らすシカなどの草食動物のいる環境が必要なように、猫には人間とそこにやってくるネズミが必要だったのです。

　人間は大草原、シカはネズミにたとえることができます。野生動物が人間の暮らしに溶け込むことができるのは大変に珍しい例ではないでしょうか。

猫の品種と動物種の違い

　猫にも犬同様、多くの品種ができて売買の対象となっています。品種とは動物の家畜化に伴い人間が交配により作り出した動物の種類です。しかし、これは動物種とはちがい生物学的には家猫（ドメスティックキャット）は一種類しかいません。

　人間で言えば人種に値するのが猫の品種であるといえるかもしれませんが、この品種が人間の手で作られたのはせいぜい五十年から古くて百年ほどのことなので、その体格や被毛の様子は確定された物ではありません。

　特に猫の品種改良は、他の家畜のように目的が明確ではありません。犬は使役動物としてその目的により品種が作られてきました。猫は、ネズミを捕ることが目的でしたので特に改良を加える必要がなかったのです。

しかし、現代の品種は、その容姿が愛玩の目的のために変化したものですからその必要性は生物的に明確な物とは言えません。猫の品種における容姿のバリエーションは、娯楽目的であり時として遺伝的な疾患を生む事もあるので注意が必要です。

猫の繁殖の実態

猫は品種に限らず、ドメスティックキャットとしての容姿のバリエーションは、被毛の色と柄において千差万別です。しかし猫同士の自然繁殖では、黒い猫が特に黒い猫を選んで繁殖行動をするわけではなく、全くアットランダムに行われているようです。

生まれてくる兄弟でも色柄が違うことは当たり前で、毛の色の遺伝は複数の遺伝子が絡み合って行われているのです。生まれてくる猫の90％以上が自然交配で生まれてきますが、人間が繁殖をコントロールして生まれてくる猫もいます。そういったネコたちが品種猫と言われる猫なのです。

自然交配では、なかなか生まれてくる確率の低い色や柄を、その柄同士の猫を掛け合わせることで発現率を高めることが品種の目的です。消費者が目的の柄や色の猫を手に入れることができるので売買の対象となりビジネスとして成り立っています。

自然交配のネコを飼うか、このような人工繁殖の品種の猫を飼うかは、その人の好みとなるのですが、欧米では動物愛護の観点からも飼い主のいない猫（ストレイキャット）を飼うことがステイタスであると考えられています。

❷……猫を飼うということについて考える

猫にとって良い環境とは

　野生動物にとって環境が一番大切なように、飼い猫にとってもその周りの環境はとても大切な要因です。前述した大型肉食獣の猫の仲間たちにとっては、自分たちの周りに食べるための草食獣が豊富にいることです。

　飼い猫にとってやはり一番は食べ物があるということです。郊外であれば周りに自然がありネズミが充分にいれば猫は生きていくことができます。飼い主がいてきちんと食事をもらうことができれば、ネズミはとらなくても生きていけるかもしれません。

　そして飼い猫にとって何よりも大切なことは安心して眠れる場所があるということです。食事はもちろん生きるために不可欠なことですが、猫が警戒心を出さずにリラックスできる場所を提供してあげなくてはなりません。

　警戒心を持つということは自衛本能ですが、これがいつまでも解かれることのない環境は、猫にとって良い環境ではないのです。

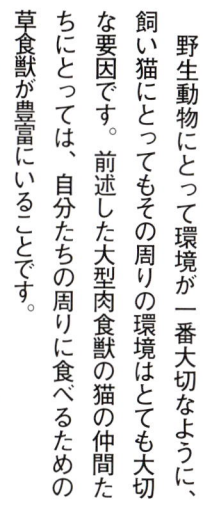

食事について

現代の飼い猫のほとんどがキャットフードを食べているようです。室内飼いの猫が都市部を中心に増えているということもあり、野外で猫が食事を自分で捕ることは今や珍しいことにすらなってしまいました。

仮にネズミを捕ることは本能からできたとしても、それを食べるということは母親猫から学習しなければなりません。そのような本来の猫の生活が人間の急激なライフスタイルの変化から継承できなくなっています。

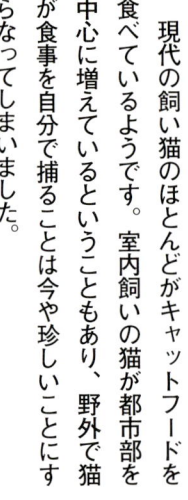

食事としては完璧なネズミではありますが、飼い主の皆さんが積極的に食べてほしいという物とはかけ離れているのも事実です。そこでどうしてもキャットフードにネコの食事を頼らなくてはならないのですが、ここで大切なことがあります。

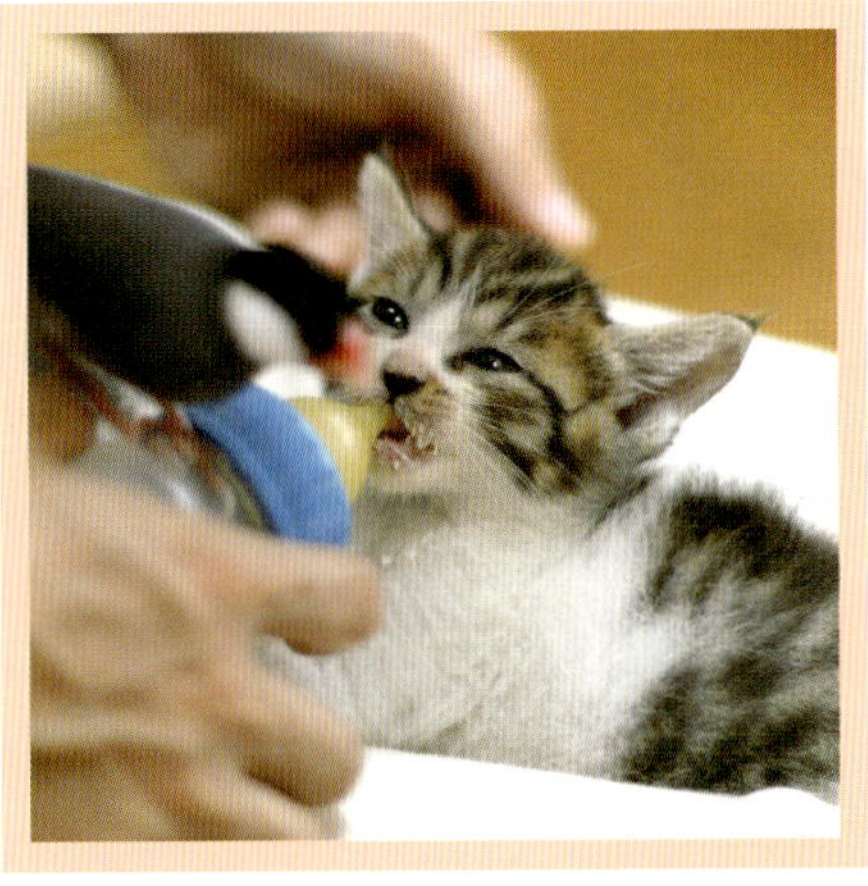

それは一見すると同じようなキャットフードの中から、品質の良いものを選ぶことなのです。しかしこれは非常に難しく完全な加工食品であるキャットフードの品質を、飼い主が見極めるには専門的な知識が必要になります。

そこで多くの飼い主の皆さんは、品質の良し悪しを猫がよく食べるかどうかで判断しようとするのです。良い品質の物なら猫がよく食べると思うからです。

この考えは、確かに正しいとも言えるのです

が、多くのネコたちは品質が悪くてもいわゆる味の良いキャットフードを選んでしまいます。加工食品は猫の本能までをも攪乱させてしまう効果があるのです。
　そこで私たち獣医師は、信頼のできるメーカーで作られたキャットフードを勧めています。それらのメーカーでは猫の健康に基づいたフードを開発していますし、獣医師の判断のもと処方される特別なキャットフードも作っています。

運動について

猫は犬のように散歩を好む動物とは言えません。しかし、ゆっくりと自分のテリトリーをまわるという行為はします。

　通常、オスのテリトリーは広くメスはそれに比べるとあまり広くないテリトリーを持っています。ですから外出が自由にできる猫なら運動不足という事態になることはあまりないと考えられます。

　しかし、室内飼いの場合、そのテリトリーは家の中だけとなるので、テリトリーを巡回しても大した運動量にはなりません。しかも嗜好性の良いキャットフードが充分に食べられるとなれば、肥満になることも避けられないでしょう。低カロリーをうたったキャットフードもありますが、運動量が不足している場合は、猫になるべく動くチャンスを与えることが必要です。

　餌を置く場所は床ではなくジャンプして上がる高さ（90センチぐらい）にすると良いでしょう。お気に入りの場所を高い場所に誘導することで一日の運動量は飛躍的に上がることがあります。限られた室内のスペースを高さで補い、猫の動線を立体的に作り出す工夫が必要です。

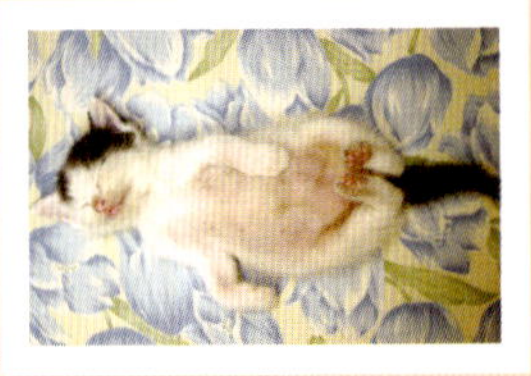

医療を受けさせるということ

医療を受けられる動物は、残念ながら限られています。猫は他の家畜同様、医療を受けることのできる動物です。しかし、猫の持つ警戒心が医療を行うときにはマイナスに働いてしまうことがあります。

これは動物病院で同じように診察を受ける犬と比べるとその差が歴然としてしまいます。どんなに普段穏和な猫でも診察室では飼い主の言うことを聞こうとしません。診察を拒否しパニックになってしまう猫もいます。

充分な医療を受けさせるためにはまず、猫の警戒心をなるべく封じ込めパニックに陥れない工夫が必要です。

猫のストレス

人間同様、猫もストレスを感じることがあります、しかし猫のストレスは人間とは少し違った角度から考えなくてはなりません。

猫にとって最も大きなストレスは飢餓でしょう。野外の猫たちがしばしばこのストレスにさらされます。飼い猫にはこの例は当てはまりませんが、不適切な低品質のキャットフードを食べ続けている猫は、タンパク質の低下がみられ栄養失調を起こしていることがあります。

また、猫は温度変化にストレスを感じる動物です。室内飼いの猫で一見温度管理の充分な環境にいる猫でも、春先や秋口の一日で温度差の大きい日には、間質性の膀胱炎が誘発されやすいのです。

PART 2...Disease

嘔吐から考えられる病気

●嘔吐は猫にもっともよくみられる症状の一つです。嘔吐は、呼吸に使う筋肉と腹部の筋肉が収縮して起きる症状です。悪心からはじまって、胃の内容物が口から外へ反射的に出されます。

嘔吐は猫にもっともよくみられる症状の一つです。嘔吐は、呼吸に使う筋肉と腹部の筋肉が収縮して起きる症状です。悪心からはじまって、胃の内容物が口から外へ反射的に出されます。嘔吐は脳幹にある嘔吐中枢が刺激されて起きます。この刺激する径路は、大まかに以下の四つにわける事ができます。

❶中枢神経系の高位中枢刺激。（ストレス、恐怖、興奮などの心因性嘔吐）

❷半規管から前庭刺激で内耳神経を介しての刺激。（乗り物酔い）

❸化学受容体の刺激。（尿毒症、薬物、細菌の出す毒素）

❹求心性径路を持つ末梢知覚受容器の刺激。（咽頭炎、フィラリア症の嘔吐、尿管、膀胱の痛み）

ひと言で嘔吐といっても、その嘔吐という症状を起こしている原因は多岐にわたります。ですから猫が吐いているから胃が悪いと単純に考えるのは危険です。もちろん胃腸疾患の場合もありますが、胃腸とは全く別な病気から起こることもある事を知っておきましょう。また、嘔吐でも、悪心を伴わない嘔吐があります。猫が勢いよく胃の内容物を吐き出すのですが、これは嘔吐と区別して吐出といいます。では、実際に猫が嘔吐を起こした場合に、どのようなところに気をつけて観察すればよいでしょうか。

以下に観察のポイントを挙げておきます。これらのポイントを参考にして下さい。まず始めに嘔吐した物の状態を把握しましょう。

❶何を食べたか（いつもと同じフード、初めてのフード、等）。

❷毒物への接触（化学物質、観葉植物、切り花等）。

❸異物への接触（刺糸、針、ネズミのおもちゃ、ねこ草等）。

❹全身症状（元気で食欲もあった猫が急に嘔吐する急性嘔吐、元気で食欲もあるが、一日に数回から一週間に一回程度嘔吐をしている慢性嘔吐、病気治療中の猫の悪心を伴う嘔吐等）。

そして、

❶嘔吐の回数。

❷嘔吐の長さ。

❸嘔吐の発現する時間。

❹嘔吐後の食欲の有無。

❺嘔吐後の元気の有無。

❻嘔吐の仕方としてはケロッとしている、よだれが出て口の周りを舐めるようにする悪心を伴う、苦しそうである等。

◉嘔吐の治療

それぞれの原因に対する治療をする事が第一優先になります。しかしその原因をすぐに診断することも難しく確定診断が

おりるまでの間、嘔吐により、脱水や電解質の異常が起きていれば、まず補液などの対症療法を行うことは重要です。それでは、嘔吐をおこす原因について、それぞれみていきましょう。

急《きゅう》性《せい》胃《い》炎《えん》

有害物質の摂取に起因もしくは関連して起こり、嘔吐を起こします。

▼原因

原因で最も多いのは、腐った肉の摂取です。また、観葉植物の多くは、胃粘膜に対する物理的な刺激の原因となり、胃腸には有害です。急性胃炎は突然の嘔吐から始まり、頻回で激烈です。吐いた物には、食物、胃液などの液体、原因となった物が含まれます。激しい嘔吐では時に血が混じることもあります。

急性胃炎の場合、大多数の病気の原因は嘔吐をすることで、自然に除去されます。ここで嘔吐は猫の体にとって有害な物を排除しようとする、とても有益な生体反応といえます。

◎治療

治療は十二時間の経口摂取の制限、脱水している場合は輸を行います。

慢《まん》性《せい》胃《い》炎《えん》

胃粘膜の障害の原因に繰り返し、暴露されることによる一日に数回から一週間に1、2回の嘔吐が見られます。食欲の不定、食欲不振、つまり食べたり食べなかったりと食欲が安定しません。この場合気を付けたいのは、「今の食事に飽きたから、別な

飼い方による危険度チェック

当てはまる事柄について危険度の数字を足していきます。

あなたの猫の危険度チェック

飼い方による危険度チェック①〜㉒までに答えて、危険度を足していきます。あなたの猫の危険度はいくつですか。

危険度0…良好な猫の飼育環境　危険度1〜5…改善可能な飼育環境
危険度6〜9…生命にかかわる危険をはらんでいる飼育環境
危険度10〜15…致命的な要因が日常で存在する飼育環境
危険度16以上…天寿を全うすることがかなり難しい飼育環境

フードが食べたいと思っているので、今ここに与えたフードは食べないのだ」と猫が考えていると判断する飼い主の思い込みです。慢性胃炎の食欲不振を見過ごしてしまう危険性があります。慢性胃炎が数週間から数ヶ月続くと体重の減少、重症例では、低蛋白血症となります。

▼原因

市販のキャットフードの添加物成分、化学的化合物、薬物、口から入る可能性のあるあらゆる物質。

◎治療

原因を同定し、除去することが治療となりますが、原因を特定することは困難なことが多いのも事実です。そこで、猫が今までに一度も口にしたことがない、獣医師の処方するキャットフードを獣医師の指導の元、与えてみる事が勧められます。また、食事の回数を5回から六回位にし、1回に与える量を今までより少なめにする事なども治療の一助になるでしょう。胃炎と同時に、小腸が障害されると、下痢や腹痛を伴う胃腸炎が起こります。

胃《い》潰《かい》瘍《よう》

胃粘膜が傷害され続けると、胃粘膜がただれてきます。胃では胃酸が分泌されていますから、粘膜のただれが深くなり、そこに潰瘍が形成されます。胃潰瘍のある猫の嘔吐は、真っ赤な新鮮血をそのまま、もしくは血の混じった黄色い胃液を吐きます。嘔吐は頻繁に認められます。胃潰瘍のある猫は、食欲がなくなり、元気もなく、胃の痛みからか、うずくまる姿勢をとります。

▼原因

病気の治療のため、内服薬の投与を長期間受けている場合や、慢性胃炎を起こしている猫、腎不全の猫の場合は尿毒症物質が胃粘膜を傷つけ、潰瘍を起こさせて出血させます。

◎治療

根本の原因を治療することが第一です。他は嘔吐に対する対症療法に準じます。潰瘍は出血を伴っていますから、貧血の検査を行うことも必要になります。胃潰瘍の治療には、胃酸の分泌を低下させ、胃粘膜の修復を促す薬や胃粘膜を保護する薬などを投与します。

異《い》物《ぶつ》による嘔《おう》吐《と》

食べ物ではない物を誤って食べてしまったときにひきおこされる嘔吐です。一部の猫が好んで食べる猫草も、盛に食べたあと、嘔吐することはよくみられます。また、セロハンやアルミホイル、猫のおもちゃなども、口で噛みながら遊んでいる間に、何らかの拍子に飲み込んでしまうこともあります。これらは物理的刺激として胃粘膜を傷害し、嘔吐を引きおこします。嘔吐することで異物が排泄できれば問題はありません。異物の中で危険な物として、釣り糸のついた針、刺繍《ししゅう》糸のついた縫い針、糸の付いたボタンなど、糸の触感を好む猫が糸を噛んでいる間に、その先についている針までも飲み込んでしまう事があります。この場合は間欠的、嘔吐と食欲の不振が認められます。また、唾液が亢進し、口をクチャクチャさせ、嚥下動作を

繰り返します。糸状の物を飲み込んで、閉鎖性腸閉塞（イレウス）となると、猫は継続的な激しい嘔吐を呈し、糸の一方は舌根部か幽門に固定され、もう一方は腸の蠕動運動で運ばれようとするが、進めずに、腸を襞状に固定させ腸管の穿孔を引きおこし猫を死亡させます。

◎治療

異物が嘔吐もしくは便と排泄されるようであれば、自然に排泄されるのを待ちます。しかし、明らかに自然に排泄されないことがわかれば、外科的切除にて取り出します。胃の内容物がなんであるかは、実は飼い主さんが「自分の家の中で紛失した物」にいち早く気付くことが発見の決め手となります。診断にあたり、レントゲン検査やバリュウム検査を行うことは一般的ですが、これらの検査で全てが診断できるわけではありません。

●予防

猫の環境に、猫が誤って食べてしまうような嗜好品（セロハン、ヒモ、ビニール袋など）を出しっぱなしにして置かないことが大切です。4ヶ月から2～3歳くらいまでの若い猫のいる家庭では特に注意が必要になるでしょう。

幽《ゆう》門《もん》狭《きょう》窄《さく》

胃の出口である幽門部分が狭窄や、幽門が正常に開く動きができない状態である幽門機能不全があると、食道から入った食べ物が胃の中に入り、その内容物が胃から出て十二指腸へと流出しにくい状態を起こします。幽門狭窄の猫は慢性の嘔吐および胃拡張が認められます。通常

飼い方による危険度チェック①

危険度4

室内で煙草を吸っている

煙草の煙は、人間だけでなく猫にも有害です。特に喘息の発生原因として家庭の喫煙は、最も危険な物質なのです。

は一歳以下の猫に多く見られます。食後三十分位で勢いよく吐く場合や、数時間たって嘔吐するなど、嘔吐の間隔は様々です。

◎治療

外科的な手術によって治療とします。幽門部の病気による狭窄の場合、例えばそこに腫瘍が認められれば、外科手術を行った上で病理診断の上、治療方針をたてる事になります。

胃《い》の腫《しゅ》瘍《よう》

胃の悪性腫瘍の場合は、嘔吐とともに、食欲不振、体重の減少による削痩、衰弱が認められます。嘔吐物は食べた物、胃液、血液の混じった内容物などです。

▼原因

リンパ肉腫等。

◎治療

病変により、外科手術、化学療法などを行う。

機《き》能《のう》性《せい》胃《い》炎《えん》

胃の正常な動きが突然止まってしまう状態です。原因はなかなか特定できる物ではありません。嘔吐物は未消化のフードがそのままの形でみられることが多く、嘔吐の初めには猫の状態は比較的普通に見えますが、フードを出しても食べることはできません。

▼原因

家庭に来客があるなど心因性のストレス、寒さなどのストレス、胃自体に病気があって二次的に発現する等。

◎治療

水溶性の流動食を少量ずつ与えてみること。胃の運動を正常化する薬剤の投与が一般的な治療となります。

炎《えん》症《しょう》性《せい》腸《ちょう》炎《えん》

炎症性細胞である、リンパ球、好酸球、好中球、等が消化管粘膜に浸潤して起こす腸炎です。食欲の不振はあまり伴わない慢性の嘔吐がみられます。飼い主は猫に元気がないわけではなく、食欲もあり、しかし、頻回の嘔吐はなんとなく気になっている状態な事が多い。嘔吐は猫が毛玉を吐くためだと誤解している飼い主は、嘔吐の内容物に毛が入っていると安心する。

▼原因

原因は不明。考えられる物として、食餌アレルギー、免疫介在性、感染症など。炎症性腸炎に類似する症状を呈する疾患（消化管腫瘍、感染性胃腸炎、等）を全て除外して、確定診断とします。

◎治療

内科的薬物療法として、投薬後数日から一週間で、症状が改善されれば、治療的診断がとれることになります。獣医師指導の徹底した食事療法を行う。この病気は、完治を望むというよりは、いかに病気をコントロールできるかにかかっています。食事管理において猫に食べさせる食事を猫が好んで食べるか、食べないかと論じることではありません。

猫《ねこ》汎《はん》白《はっ》血《けっ》球《きゅう》減《げん》少《しょう》症《しょう》

ワクチン接種（猫三種混合ワクチン、五種混合ワクチン）により予防できる伝染病です。

▼原因

原因は猫パルボウイルスで、猫の糞便中に多数排泄されます。感染経路は、パルボウイルスを含む便の経口摂取と考えられます。

■症状

ウイルス暴露（ウイルスに接触）後、数日で食欲の低下、持続的嘔吐、発熱し、その後下痢が始まります。血液検査により、白血球減少が認められます。

◎治療

対処療法として、輸液による体液と電解質の補正、二次感染の予防となります。子猫の場合は致死率が高い伝染病です。

便秘《べんぴ》

トイレで排便しながら嘔吐がみられることがあります。食欲はあるので、食べては吐き、食べては吐きをくりかえすこともあります。

▼原因

フードの内容、猫のトイレの汚れや猫のトイレの素材が不適切な場合、神経障害など病的な原因等。

◎治療

浣腸をする。獣医師によるフードの選択等で便の性状を変える。原因が病気、事故の場合は、その原因を解決できれば便秘は解消します。

肝《かん》リピドーシス

脂肪肝ともいわれ、肝細胞に中性脂肪が蓄積します。肥満の猫、肥満だった猫、栄養不良の痩せた猫等、肥満のみが原因と

飼い方による危険度チェック②

危険度7

ワクチンを接種していない

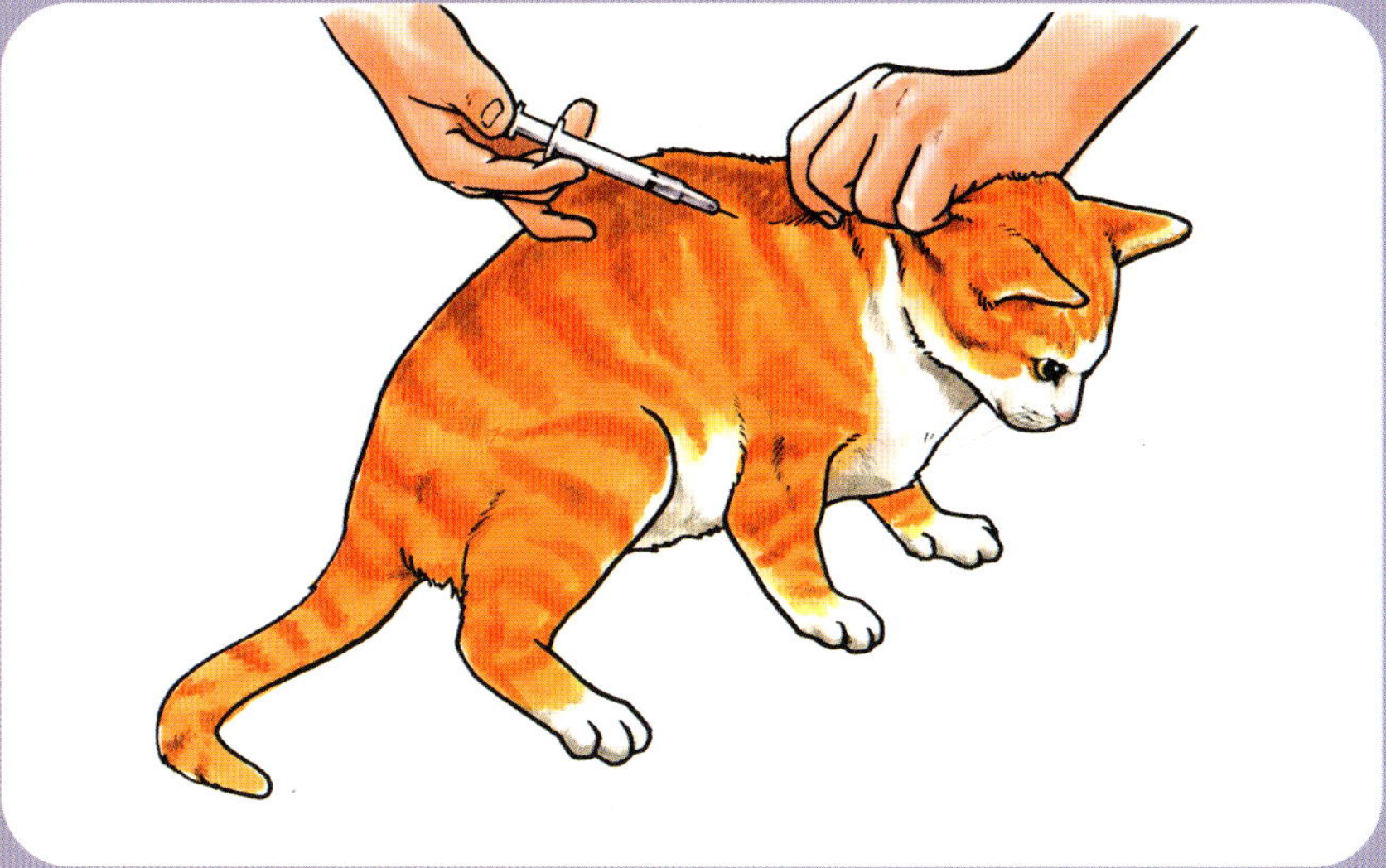

ワクチンの未接種は、日頃の生活には何の支障もないかもしれませんが、ひとたびウイルスの暴露を受ければ発症の危険にさらされるのです。予防医学の第一歩は、ワクチン接種です。そしてワクチンを接種をして病気の予防ができる動物は人間を初めとして猫など限られた動物の特権なのです。

はならないようです。食欲の不安定で嘔吐が認められる。

◎治療

肝機能の回復できる薬剤の投与。

肝《かん》性《せい》脳《のう》症《しょう》

流涎、発作を伴う嘔吐が見られます。肝硬変など肝臓の病気が重篤になって、アンモニアを分解できず、中枢神経症状を引きおこします。

門《もん》脈《みゃく》体《たい》循《じゅん》環《かん》シャント

先天的、後天的な肝臓の血管の異常。高アンモニア血症、中枢神経症状として涎を流し、歩行困難、ケイレン発作、発育不良、食欲の不定を伴う嘔吐が見られます。治療は外科手術、程度によっては内科的に投薬で行います。

中《ちゅう》毒《どく》

猫は中毒を起こしやすい動物です。中毒を起こす原因の中でも、初期症状に嘔吐が現れるものの列記していきます。その後の症状は、消化器症状としての下痢程度ですむものから、重症例では死亡する物質まで含まれています。ですから大切なことは猫に中毒を起こす化学物質などは、少なくとも猫の暮らす環境には入れないように管理の徹底がとても大切です。ニコチン（タバコの葉）は流涎と嘔吐が見られます。ヒアシンス、スイセン、アヤメ、アゼリア、月桂樹などの観葉植物ゴミあさりをしてしまい、細菌が口から入り、嘔吐、下痢が始まります新築の家、リフォームで壁紙の張り替えの接着剤等、使用される化学物質は激しい嘔吐、食欲の廃絶を伴う場合があります。接着剤などシンナー系のものは、激しい嘔吐と時に出血をともなうことがあります。アセトアミノフェンは摂取した猫に嘔吐、流延、のちにチアノーゼをおこします。人では一般的に消炎、鎮痛剤としてよく使われる薬剤ですが、猫の赤血球を壊し、メトヘモグロビン血症、ハインツ小体溶血性貧血をおこします。猫に使用するのは危険です。

◎治療

猫の環境から、すぐに当該物質を排除することです。また、部屋が原因であれば、猫を直ちにその部屋から出します。空気の入れ換え、換気をすることは大切です。そして再度暴露しないように気をつけましょう。原因に応じた治療は獣医師によって行われます。

尿《にょう》毒《どく》症《しょう》

尿毒症物質である血中尿素窒素が上昇する、尿毒症になると、食欲の不定から嘔吐が始まります。急性腎不全の場合、その治療が速やかに行われ尿毒症が改善されれば、回復します。例えばオス猫に起こることが多い尿道閉鎖の場合、治療がうまくいき、閉鎖が解除された時点で、腎臓の障害が大きくなければ尿毒症は改善されます。慢性腎不全の場合は、猫の頻回な嘔吐はその病気の後期、つまり尿毒症末期にさしかかった頃に認められます。

喘《ぜん》息《そく》

セキが主症状ですが、猫の咳は嘔吐ととてもよく似ています。特徴としては、朝方に咳き込みます。頻度は一ヶ月に1回程度から、週に1回、ひどければ毎日ということになります。咳をしている様子は確認できないこともあるのですが、飼い主が朝起きると泡状の液が吐いた跡、毛の混じった胃液の吐いた跡を見つけることがあります。食欲はあり、元気もありますが、喘息の発作は呼吸困難から死に至ることがあります。

▼原因

タバコ、スプレー、ほこり、食事等。

◎治療

猫のいる環境でタバコは吸わないこと。空気清浄器、サイクロン型掃除機、内科療法。

喘息は初期診断が重要です。完治する場合もあります。完治は望めなくても、薬剤でコントロールしていく病気です。

膀《ぼう》胱《こう》炎《えん》

膀胱炎のしぶりのときに嘔吐が起きることがあります。トイレに嘔吐物がある場合、飼い主は「内の猫は部屋を汚さないようにトイレにいって吐いている」と猫のきれい好きをほめることがあります。

しかし実際はトイレで残尿感や痛みを伴うしぶりのために、嘔吐していることを考慮してやりましょう。

▼原因

室温の寒暖の差等。

写真で見る病気

成分不明の結石

膀胱から取り出された結石。猫は慢性の膀胱炎を起こしていました。定量分析により成分が不明の結石であることが分かりました。

下痢から考えられる病気

●便に過剰に水分が含まれると下痢となります。良い便は、箸でつまめる堅さで、指で落すとへこむ位の水分を含んでいます。

便に過剰に水分が含まれると下痢となります。良い便は、箸でつまめる堅さで、指で落すとへこむ位の水分を含んでいます。

下痢便はソフトクリーム状の形はあるけれど箸ではつまめない状態や、ソフトクリームが溶け出したような状況や、おしっこと見間違えるような水溶便とさまざまな形態をとります。また下痢をすると便の回数がおおくなるのも特徴です。

では便とはどのようにしてできるのでしょう。簡単に説明すると、口から入った食べ物は胃から小腸に入ったときは水分を含んだドロドロの状態で、大腸に送られ、一定時間留まり水分を再吸収されて、適当な堅さの便となります。つまりこの便のできるまでの正常な過程が崩れると下痢になってしまうのです。一つには大腸で水分を再吸収するための充分な時間がとれず、正常よりも速く通過してしまえば、水分を多く含んだままの下痢となります。（運動性異常の下痢）これは寒さのストレスや精神的なストレス等により、蠕動運動か亢進してしまうことも一つの原因となるでしょう。食物のある物質が、大腸において過剰の水分を残留（保持）させる場合も、便の水分含有量が多くなり下痢を起こします。（浸透圧性下痢）。感染性の下痢の場合は、細菌の毒素が腸の粘液分泌を多量にして、結果的に水分を多く含む下痢を起こします。（分泌性下痢）。

下痢をしている猫は次のような点を注意して観察しましょう。

❶排便の回数。
❷排便の量。
❸堅さ。
❹色。
❺臭い。
❻粘膜が出ている。
❼出血がある。
❽排便時、痛そうにしているか、排便後もいきんでいる。
❾排便時は特に違和感がない元気な下痢。
❿お腹がゴロゴロという音がきこえる。
⓫食欲のある下痢か食欲の無い下痢。

下痢の発症の仕方によって、急性と慢性と区別できます。また小腸性か大腸性かも区別することができます。ここでは急性と慢性について少し説明しておきます。

急性の下痢

突然発症します。原因を特定してから治療することになりますが、治療をしなくても、一日で自然に治ってしまうこともあります。

慢性の下痢

下痢

食欲はあって元気もあるのに下痢がどうもなおらない。もしくはいいウンチが出たと思ったら下痢をして、次に軟便になってという便の状態を繰り返し、数週間から数ヶ月続いているということも珍しくありません。慢性の下痢を起こす原因も様々ですが、治療は原因を特定診断することから始まります。

検便

細菌や寄生虫、原虫、線虫、食物の消化具合を見ていきます。また、便の特殊培養検査により、細菌や真菌の同定をおこなうこともあります。慢性の下痢は原因が一つに限らず、複数の原因が重なり合っていたり、基礎疾患の悪化に伴う二次的な状況からおこるなど、原因を特定することが難しい場合もあります。

小腸性下痢と大腸性下痢の区別は以下のように区別できます。

小腸性の下痢は大量のソフトクリームの解けたような下痢便、もしくは悪臭を伴う水様便がみられます。それに伴い、嘔吐、食欲の減少、体重の低下が認められます。

大腸性の下痢は便がゼリーのような粘膜に覆われていることがあります。便に血がみられることがあります。便をしたあと、まだ完全に出きっていないような猫の様子をみることがあります。通常より排便の頻度は増えます。

下痢に伴って、食欲の低下、体重が減少がおきている場合は腫瘍やホルモン異常など、命にかかわる重篤な病気の可能性があります。腸自体の組織検査等で診断する必要もあるでしょう。

飼い方による危険度チェック③

危険度1

近くに豚小屋がある

豚と猫が同じ環境にいることで問題となる病気がトキソプラズマです。トキソプラズマは猫を終宿主としますが中間宿主である豚も必要とします。猫と豚の二つの動物がクロスする状態で危険度が増します。

下痢から考えられる病気

- 細菌性下痢
- 真菌性下痢
- ウイルス性下痢

細菌性下痢《さいきんせいげり》

健康な猫の糞便にも認められる細菌であっても、何らかの理由で猫に下痢をおこすことがあります。

▼原因

猫に下痢を起こす細菌として、Salmonella（サルモネラ）やcampylobacter（カンピロバクター）、大腸菌等が、あげられます。細菌によって、腸の上皮を侵襲して下痢をおこすタイプ、腸毒素を産生して下痢をおこすタイプ、など、ひと言に細菌性の下痢といっても下痢をおこすメカニズムは複雑です。いずれにしても、これらの原因菌（下痢を引き起こしている原因となる菌）を特定する場合は、糞便の特殊培養検査を行います。この検査は、大学付属の研究所や、臨床検査センターなどに依頼するのが一般的です。

病原菌が下痢をおこすのは当然のことですが、別の理由で猫の体が弱っているときに、通常の腸内細菌が細菌性の下痢を起こすことも考えておく必要があります。猫が基礎疾患を持っていること、病気であること、免疫が抑制されている状態にあること、環境が不衛生であり、多頭飼育で過密環境というストレスがかかっていること等、様々な原因も考慮していきます。

◉治療

猫の状態をみつつ、原因菌に効果のある抗生物質の投与をおこないます。

真菌性下痢《しんきんせいげり》

▼原因

カンジダ、アスペルギウス、等か原因となり下痢をおこします。真菌が腸粘膜に入り込むように感染します。結節を形成することもあります。原因を知るためには真菌培養検査等を行います。病原性のある真菌、非病原性の真菌などが分離されます。

◉治療

抗真菌剤の投薬が一般的です。（非病原性の真菌の場合は別）

真菌性の下痢を起こす猫の場合、猫自体の問題点、免疫力、抵抗力など、宿主側の要因を考える必要があるでしょう。

ウイルス性下痢《せいげり》

猫《ねこ》汎《はん》白血球《はっけっきゅう》減少《げんしょう》症《しょう》／パルボウイルス感染症《かんせんしょう》

パルボウイルスが原因の白血球減少を伴う伝染病です。子猫の場合は死亡率の高い病気です。パルバウイルスが、消化管の上皮細胞に増殖し病変をつくり、正常な腸管の働きを消失させ水様性下痢をおこさせます。また、パルボウイルスは骨髄も傷害し骨髄の機能を低下させ、汎白血球減少をおこします。猫パルボウイルス感染猫は、糞便中に多数のウイルスを排泄します。この病気にはワクチンがあります。

腸《ちょう》コロナウイルス感染症《かんせんしょう》

コロナウイルスが原因です。腸絨毛《じゅうもう》の上皮細胞に感染し下痢をおこします。腸コロナウイルスは猫の血液検査で抗体価（ウイルスに罹っていない、もしくは現在罹っている、あるいはウイルスに罹ったことがあ

る）を測定することができます。腸コロナに感染している猫の便は粘膜に覆われている場合や、便の最後に血が付くこともあります。発熱があるため食欲がなくなり、運動性が低下する事があります。長期間、軟便と下痢を繰り返すことがあります。このウイルスは同じコロナウイルスの仲間で、猫を死に至らしめる伝染性腹膜炎ウイルスとの関連性が示唆されており、注意が必要です。

猫《ねこ》白《はっ》血《けつ》病《びょう》ウイルス

レトロウイルスが原因です。ウイルスはリンパ系、骨髄に感染を広げますが、腸にも感染が及びます。腸の上皮粘膜が傷害され、腸炎の結果下痢がおこります。白血病ウイルスは消化管リンパ腫など悪性の腫瘍をひきおこします。猫白血病は様々な症状を引き起こします。

食《しょく》事《じ》性《せい》下《げ》痢《り》

猫は変わった嗜好性により、食べ物ではない観葉植物、セロハン、魚肉などの生物を包んであったビニール袋などを摂取して下痢を起こすことがあります。また牛乳の乳糖を分解する酵素がないため、牛乳を飲むと下痢を起こします。香辛料の入った食べ物で下痢を起こすこともあります。市販されているキャットフードに含まれる添加物などにたいして、嘔吐に続く下痢をおこす胃腸疾患がみられることがあります。腐った物を誤って食べてしまえば食中毒性の下痢を起こします。猫は「ガム

飼い方による危険度チェック④

危険度3

生ゴミを猫が食べることがある

生ゴミを猫があさる風景に見慣れた人もいると思いますが、腐敗したタンパク質を食べることは人間だけでなく猫にも有害です。細菌性の下痢を起こすことが知られています。生ゴミは猫から遠ざけなくてはなりません。

を噛む」かのように、歯触りの気に入ったプラスチックやヒモ、ウール、テッシュ、そして毒性のある葉を噛《か》みます。そして噛んでいる間に飲み込んでしまいます。結果的には食べてしまうわけで、消化できない異物の摂取が、下痢をひきおこしてしまうのです。飼い主は自分の猫の嗜好性をいち早く認識し、それらは猫のいる環境に置かないよう心がける必要があります。また、キャットフードを含む食事アレルギーの疑いがある猫の場合は今まで食べていた食事を一切止めることから治療が始まります。獣医師の指導の元、アレルギーの猫のために作られた処方食に切り替えます。また、猫にアレルギーを起こしにくい、タンパク質である鶏肉、ラム、ウサギなどを調理して与えることもあります。

薬《やく》物《ぶつ》性《せい》下《げ》痢《り》

抗生物質の投与で下痢をおこすことがあります。治療のための抗生物質も下痢をしてしま場合は、それ以上の投薬は中止するのが原則です。

抗生物質は細菌感染の治療で使う物ですが、正常な腸内細菌に作用して下痢を起こしてしまいます。抗ガン剤も猫に下痢を起こさせます。

同時に食欲不振、嘔吐、悪心をともなうこともあります。鎮痛剤の副作用として下痢が認められることがあります。薬物性の下痢の場合は、投薬を中止します。

重金属である鉛、有機リン系の殺虫剤、農薬のかかった切り花等を口にしてしまい、嘔吐に続く、下痢をおこすことがあります。毒性物への暴露の程度で、症状は軽度から重症な場合もあります。猫の環境から排除することで、更なる暴露を防ぐことが必要です。

炎《えん》症《しょう》性《せい》腸《ちょう》炎《えん》

炎症性腸炎（ＩＢＤ）は、消化管の粘膜に炎症性細胞が浸潤することを特徴とする腸炎で、体重減少を伴う下痢をおこします。炎症性腸炎は粘膜に浸潤する炎症性細胞の種類によって分類されます。

リンパ球—形質細胞性腸炎は、これらが免疫細胞であることから、自分の体のなかの免疫機構が、自分の体に害を及ぼす免疫介在性に起こることが考えられます。嘔吐に続く、慢性的な小腸性下痢で、便の堅さは軟便もしくは水様性便になります。

好酸球性腸炎は、小腸に好酸球が浸潤すると水様性下痢と食欲不振、それに伴う体重減少がみられます。大腸への侵襲は粘液性の下痢をおこします。この疾患をもつ猫の血液検査においては、好酸球増加が認められることがあります。この好酸球というのは、アレルギーや体内に寄生虫が寄生しているときに出てくる白血球の一種です。

肉芽種性腸炎は、粘液、新鮮血をふくむ慢性的な下痢を主症状とします。腹痛を伴い、食欲不振も同時におこることがあります。

結《けっ》腸《ちょう》炎《えん》（大《だい》腸《ちょう》炎《えん》）

結腸炎の猫の診断は、結腸粘膜の生検をすることで確定します。結腸炎をもつ猫は、便に粘液が付く、あるいは新鮮血がみられる軟便や下痢便を呈しています。

甲状腺機能亢進症にともなう下痢

10歳をすぎた猫の場合は、甲状腺機能亢進症が慢性の下痢の原因であることがあります。よく食べるのに太らず、良く動き大量の下痢をするのがこの病気の特徴です。

腸のリンパ肉腫にともなう下痢

消化管の悪性腫瘍の一つです。猫白血病ウイルスはリンパ肉腫をひきおこす原因となります。腸の粘膜固有層と粘膜下織に腫瘍が浸潤し、吸収不良、脂肪便、慢性の下痢をおこします。したがって体重は減少していきます。進行すると、血の混じった下痢がみられます。リンパ肉腫に侵された腸は触診により、硬く肥厚し、筒のように感じられます。診断はリンパ肉腫に冒された部分の病理検査で確定できます。

腺《せん》癌《がん》

腸の腺癌は10歳以上の老齢猫に見られます。消化管全てが侵されます。消化管の肥厚と粘膜に潰瘍ができ、黒色の下痢便がみられることがあります。

コクシジウム

コクシジウムは小腸及び大腸に寄生する原虫です。

飼い方による危険度チェック⑤

危険度2

近くに畑がある

畑は一見良い環境にも思えるのですが、季節により農薬や除草剤を散布するため中毒になりやすい猫にとっては危険な存在なのです。同時に畑は猫にとって土を掘りやすく好む環境であることも猫を畑に近づける要因です。

体を掻くから考えられる病気

●首のあたりを掻いてみたり急に思い立ったように後ろ足で肩の辺りを力強く掻く

猫は何とはなしに首のあたりを掻いてみたり耳をかいたり、急に思い立ったように後ろ足で肩の辺りを力強く掻いて、おもむろに止めて何もなかったような振る舞いをみせることがあります。このように体を掻くことも体を舐めることと同様猫のセルフグルーミングととらえていいでしょう。一日に数回体のどこかを掻く猫も、一日に一回体を掻く猫も、一日中掻くのを見かけない猫も、それは猫の個体差としてとらえればよいのですが、その掻き方がいつもとは違っているとき、皮膚に何らかのトラブルが起こっているかもしれないと考えることが必要になります。

猫が掻いている皮膚の状態について毛をかき分けて観察してみましょう。皮膚に赤いポツポツが出ていて、その部分がすこし盛り上がり、そこにカサカサした痂皮《かひ》が認められたら猫には比較的よくみられる皮膚炎です。粟粒性皮膚炎と総称されるこの炎症は、ノミに咬まれたときの咬傷過敏症やアトピー、アレルギーなどか原因でおこります。猫の痒みに対する感受性も千差万別ですが、痒さに対して感受性の高い場合は、一晩で皮膚を掻いて掻き壊し、出血していても掻き続ける猫も珍しくはありません。例えば食器洗剤やシャンプーなどが皮膚についてかぶれをおこすこともあります。この場合も猫はその部位を掻きます。病院で治療を行うわけですが、接触した物を特定し、それを猫の環境から排除しないと、皮膚炎が繰り返されてしまいますから気をつけましょう。

猫は前肢、後肢意外にも、舌と歯を使って体中を掻くことができますから、皮膚の炎症は出来るだけ早く見つけて治療しなくてはなりません。なぜなら一端掻きこわしてしまうと、元の病変が解らなくなり、爪や口で舐め咬むことによる細菌の二次感染を起こしてしまいます。こうなると完治するまでに時間も手間もかかってしまいます。

飼い主が猫のグルーミングの最中に見つけやすいのが、毛が少し薄くなっている部分の皮膚の表面がカサカサのフケがでている箇所です。猫はあまり気にしていないことも多いのですが、このカサカサした白いフケが飼い主に感染してしまう病原性のある真菌（皮膚糸状菌症、のちに詳述）のこともありますから、発見したら獣医師の診断をうけましょう。

皮膚の下に膿がたまる皮下膿瘍は、最初に炎症が起こり痛みも生じ始めます。次に皮膚の壊死が始まるとその部位の毛が抜け落ちて皮膚の色がやや紫色に

体を掻く

変わってゆきます。次に皮膚がさけて黄色い膿が出てくるのです。皮下膿瘍は、猫同士のケンカの傷が原因でおこります。膿がたまり始めるまで、少なくとも数日経過していますから、飼い主はドロドロの膿がでてびっくりしてしまうのですが、膿が出てしまうと猫は、状態が良くなります。膿がたまっている状態のほうが、具合が悪いのが普通です。猫の体をよくブラッシングしてあげる機会の多い飼い主は張り裂ける前の皮下膿瘍を皮膚のやや波動感のある腫れとしてきづきます。また、ケンカで爪により出来た引っ掻き傷に触れることもあります。傷を負ってからそう時間がたたないうちに適切に抗生物質で治療できれば、皮下膿瘍にならずにすむこともあります。ケンカをしてしまう環境にいる猫の飼い主は体を良く触る習慣をつけるとよいと思います。

原因を特定出来ない例として、ある猫は被毛をかみちぎっているため、あたかもハサミで切りそろえられたように短くなっている猫がいます。また、皮膚病ではなく、当然痒みがないにもかかわらず、ただ掻くことで、皮膚が深くえぐられるほどの状態になってしまう猫もいます。掻くという行為が、痒みや違和感、といった原因以外にも起こることを知る必要があるでしょう。猫のセルフグルーミングは一体何のために行われているのか、証拠に基づいた答えはまだ出ていません。しかし自分の体を傷つけてまで掻くという状態の治療には通常の炎症止めや抗生物質に反応のないことが多く、猫の精神科としての治療が必要になってきます。

写真で見る病気

猫ケジラミ

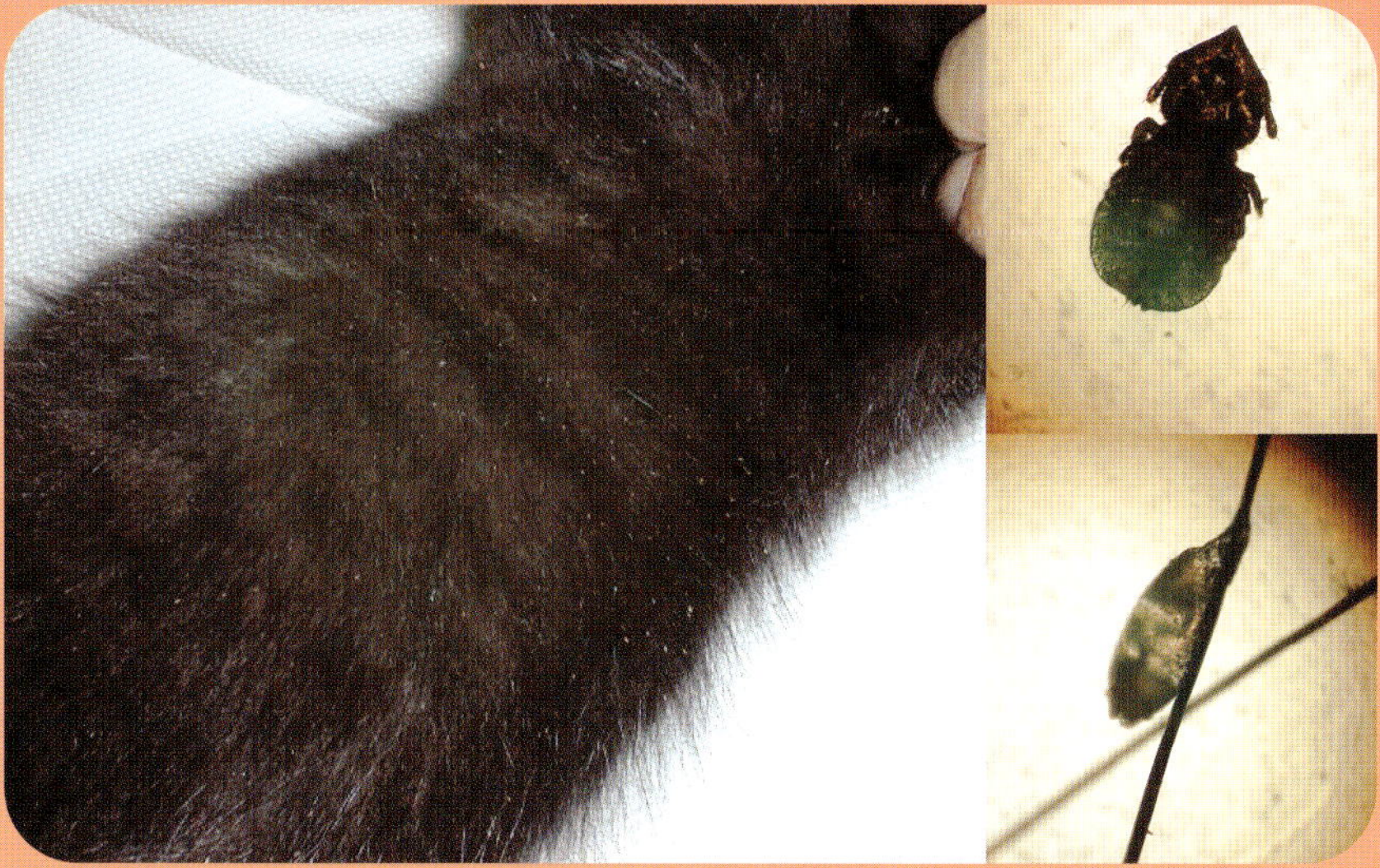

毛についたケジラミ（右上）とケジラミの卵（右下）。ケジラミの卵は非常に強い粘着力で毛についています。成虫は、ノミの駆除剤で殺すことができます。

アトピー

アトピーは痒みをともなう発疹が繰り返し出来る皮膚病です。アレルギーの中では蕁麻疹のような即時型反応を呈する1型アレルギー反応に分類されます。アトピー性皮膚炎は肥満細胞の表面に存在する免疫グロブリンの一つIgE抗体が、抗原と結びつき、抗原抗体反応を起こすことで発症します。このIgE抗体を作りやすい体質の猫がアトピー性皮膚炎を起こすことが解っています。季節性にアトピー性皮膚炎をおこす猫も多くいますが、全く季節に関係なく発症する猫もいます。アレルゲンは、特定できませんがダニやハウスダストなどが考えられるでしょう。アトピーが原因の粟粒性皮膚炎はよく見られる皮膚病です。好酸球性肉芽腫も稀ではありますが起こりうる皮膚病です。アトピー体質の猫は黄色ブドウ球菌の感染も起こしやすい傾向にあります。掻き傷からの二次的な細菌感染を起こすため、細菌を抗生物質でコントロールすることも必要になります。また、目の上から耳の付け根など顔面に痒みを伴う発疹がでることもあります。対称性貧毛症も見られます。

●治療

抗炎症作用を持つ薬剤の投与です。

食事《しょくじ》アレルギー性《せい》皮膚炎《ひふえん》

皮膚炎は粟粒性皮膚炎、をはじめ、好酸球性肉芽腫、顔面に痒みを伴う発疹、対称性貧毛症がみられます。食事アレルギーの猫には獣医師の処方する低アレルゲン食を与え、食べている期間に皮膚疾患が消えれば、食事アレルギーの疑いということで、処方食を食べつつ観察していきます。

ノミアレルギー

ノミアレルギーはノミに咬まれたたことによって起こります。ノミの唾液抗原に対するアレルギーは、1型に分類されます。ノミに寄生された全ての猫がノミアレルギーを起こすわけではありません。ノミに対して過敏症の猫は、痒みを伴う赤く盛り上がったか皮をともなう皮膚炎をおこします。しっぽの付け根から背中にかけて最もよくノミアレルギー性皮膚炎がみられます。

●治療

抗炎症作用のある薬の投与です。そして大事なことは体についているノミの駆除とノミの寄生の予防です。獣医師の処方するノミ駆虫剤は猫に安全かつ、ノミ以外の寄生虫（ダニ、回虫、犬糸状虫）にも効果があり、猫にとっては利益が大きい物です。

スタットテイル

猫の尾から背中にそった、尾脂腺、アポクリン腺の分泌過多により起こる脂漏性皮膚病です。背の後半からしっぽにかけて（尾上部器官）ワックスをつけたようなべたつきがみられ、被毛が固まりマット状になります。そこに細菌感染が起こると、

皮膚が化膿して痛みを伴います。

◉治療

患部を薬用殺菌効果のあるシャンプーで洗います。

皮膚糸状菌症《ひふしじょうきんしょう》

皮膚の表面角化層、爪、被毛に病変を作ります。人間に病原性をもつ糸状菌は、人間に痒みを伴う皮膚炎を起こします。Microsporum canis Trichophyton は特徴的な輪癬、円形脱毛とカサカサしたふけ、時間がたつと体の至るところに円形の脱毛が出来、いずれはそれらがくっついて広範囲の脱毛となります。痒みの伴うカ皮又は痒みを伴わないカ皮、粟粒性皮膚炎、爪の変形、爪が割れるなどの症状が見られます。

■検査

ウッドランプで、フケや被毛が発光の有無を確認します。皮膚のフケや被毛を検査して、真菌培養をします。猫と人間とに共通な病原性のある糸状菌の場合がありますから、的確に診断することは非常に重要です。

◉治療

被毛を短くして薬用シャンプーで洗うことは、病変を広げさせないためにも重要です。抗真菌剤の投与を行います。

毛《け》ジラミ

まっ白なフケのようなシラミが被毛についています。

◉治療

フリーコームで毛をすくと、毛ジラミがとれます。卵はなかなかとれません。

写真で見る病気

皮膚真菌症

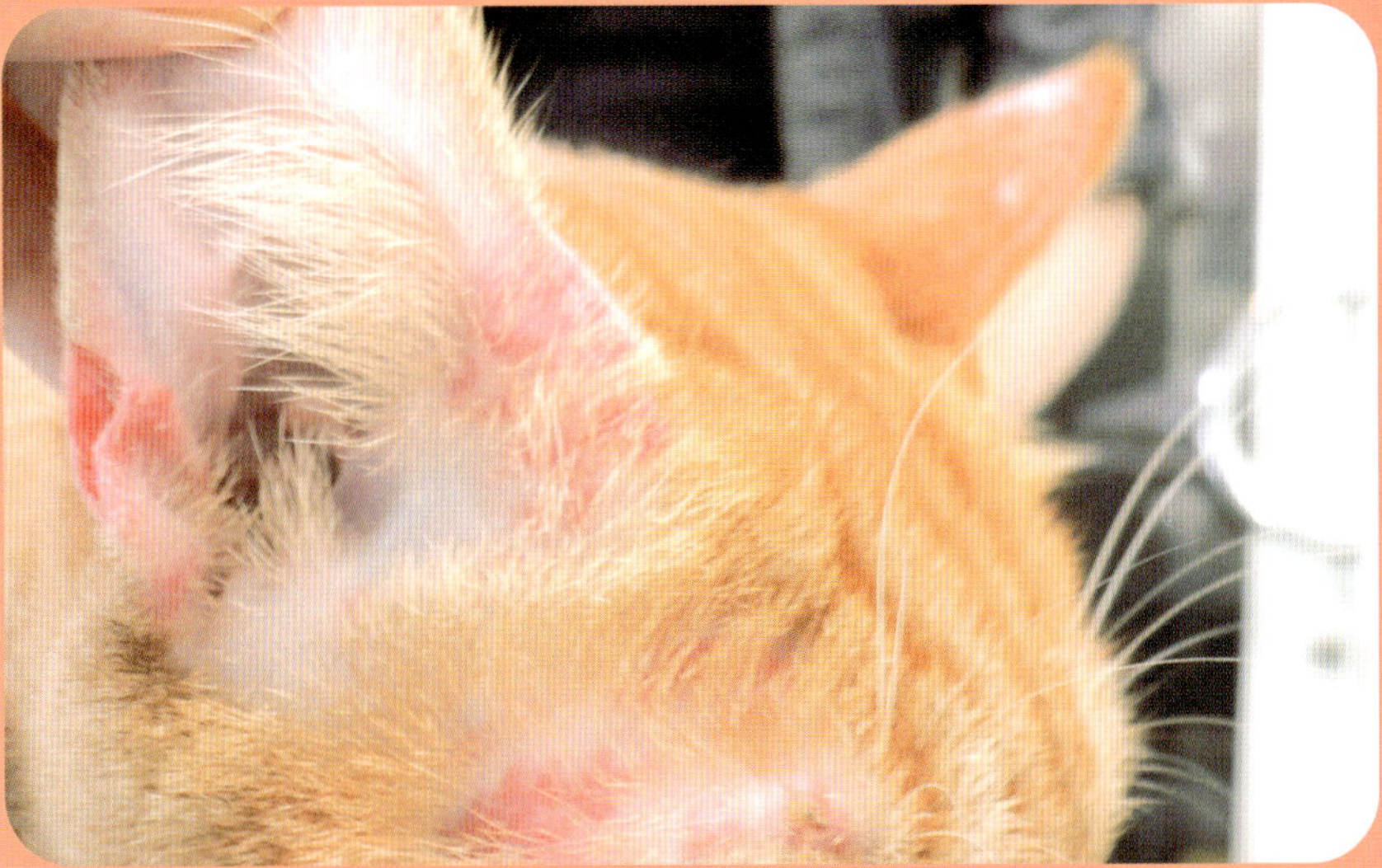

皮膚真菌症に感染した成猫の写真です。同居猫が真菌症と診断されて数日後に発症しました。飼い主も同時に発症しています。

薬疹《やくしん》

薬疹は薬に対する痒みを伴う皮膚炎です。薬剤を投薬直後、皮膚炎が起きた場合は、次の投薬は止めて薬剤を処方した獣医師に報告する必要があるでしょう。

真《しん》菌《きん》性《せい》皮《ひ》膚《ふ》炎《えん》

被毛、皮膚、爪に痒みを伴うあるいは伴わない皮膚病変を形成します。原因真菌はヒストプラズマ、ブラストミセス、等です。

ミミヒゼンダニ

耳の中から真っ黒な耳アカが出てきます。この耳アカを鏡検し、ミミヒゼンダニを確認できます。猫はひっきりなしに耳を激しく掻きます。耳の後ろの毛が抜け落ち、皮膚から血が出るまで掻くことがあります。時には頭を激しく振る様子も見られます。

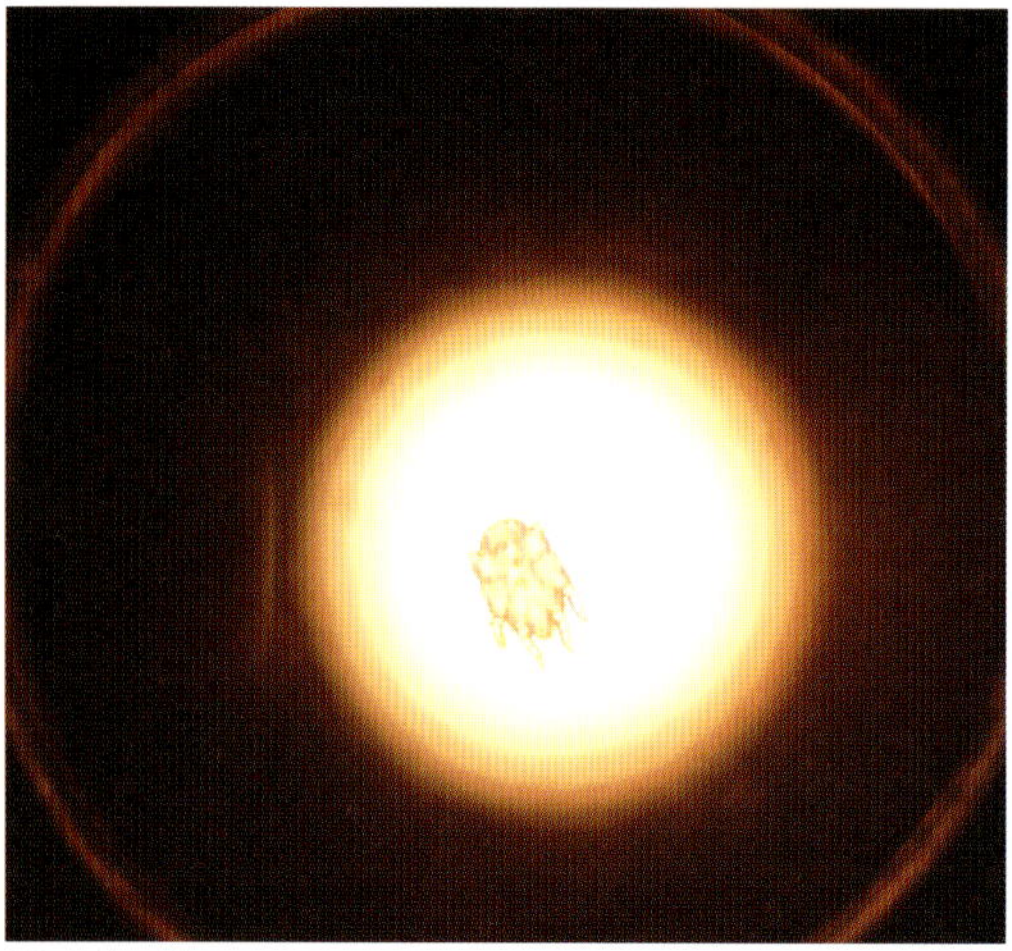
耳ヒゼンダニ

◉治療

ノミ駆虫薬の中にはミミヒゼンダニにも効用のあるものがありますから使用すれば治ります。

接《せっ》触《しょく》性《せい》かぶれ

家庭にあるシャンプー洗剤などが体についてしまうと、猫はその部分を激しく掻いて脱毛と皮膚炎をおこすことがあります。

◉治療

患部をふくめ体を良く洗います。また、原因として考えられるものは猫の体に触れないところへおいておきましょう。

パパイヤやマンゴーなどの果物が皮膚に接触することで猫にかぶれをおこすことがあります。

◉治療

抗炎症作用のある薬を投薬します。

アクネ

顎にできる皮膚炎ですが、顎に黒い汚れのような小さなツブが見られることがあります。猫は気にしてかく場合と、全く気にしない場合があります。

◉治療

ノミトリグシで良くブラシをしてお湯や薬用シャンプーで洗

います。

顎のアクネが細菌感染をおこすと、顎が赤く腫れ、熱をもったようになり、膨れてしまうことがあります。猫は患部を掻いて、出血させることがあります。

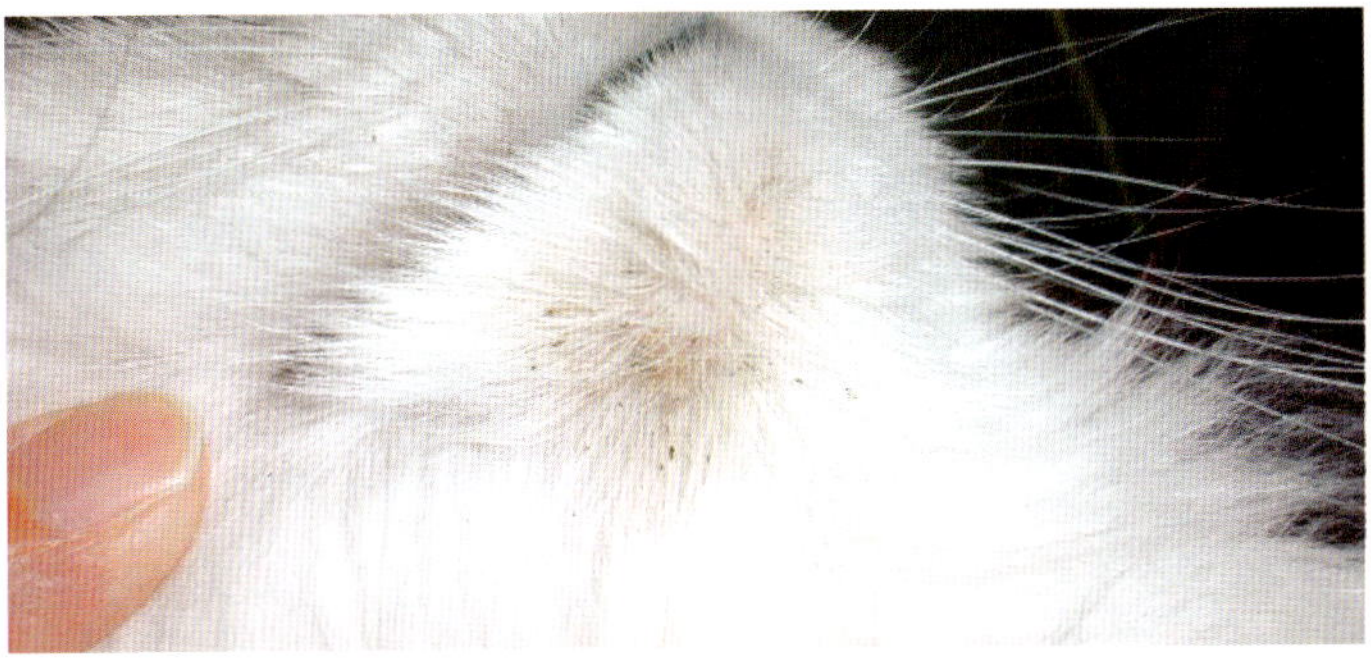
アクネ

◉治療

薬用シャンプーで洗うこと、猫に安全な消毒薬で消毒する事、抗生物質の投与が一般的な治療です。

この病気は再発します。

ポックスウイルス感染症《かんせんしょう》

ポックスウイルス感染による皮膚病変で、顔面や四肢に隆起した、潰瘍性病変をつくります。痒みを伴います。皮膚病変は、水疱ができますが、これが破裂し、潰瘍化し、カビにおおわれます。

◉治療

傷口の消毒と抗生物質の投与を行います。

イラストで見る病気

耳ダニの感染

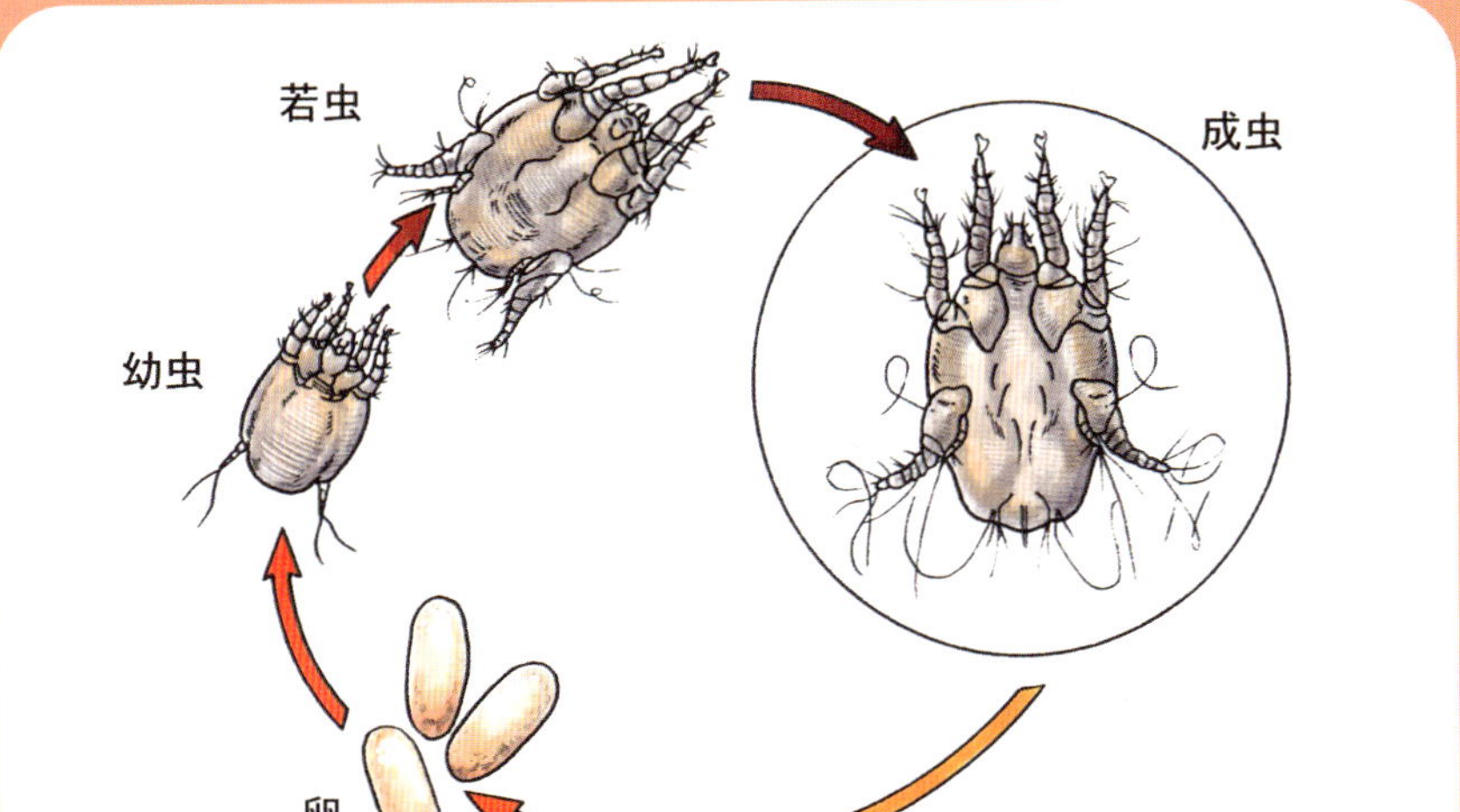

耳ダニはネコの耳の中だけに感染します。両方の耳に同時に感染します。母猫から子猫に移ることが最も多いようですが仲の良い同居猫の間にも感染します。とても痒く猫はとても耳を気にします。治療はノミの駆除剤で行います。

食欲不振から考えられる病気

●充分な食事を食べられない 食事を欲しない

食欲不振は充分な食事を食べられない、あるいは食事を欲しない状態です。猫が食欲不振を引き起こしているときは「鼻で臭いを嗅ぐことが出来ない状態」である場合があげられるでしょう。

原因の一つには猫カゼとも呼ばれる猫伝染性鼻気管炎によるものです。この伝染病にかかった猫は、ヘルペスウイルスが鼻粘膜に強い炎症をおこし鼻がつまり臭いを嗅ぐことが出来なくなります。その結果食事を食べることができません。

しかしこの食欲のない猫に、強制的に口に食べ物を入れてしまえば（強制給餌）栄養をとることが出来ます。

猫は臭いを嗅ぐことで、自分の目の前にある食べ物を「食べることの出来るものか、食べることの出来ないものか」を判断しています。ですから臭いを嗅ぐことができなければ今まで食べていたフードでさえ口にすることは出来ません。

もし、鼻の問題での食欲不振であれば、臭いの強烈な「鶏肉や白身魚の焼いた物」などを与えることで、かすかな匂いでも感知できれば、食べ始めるでしょう。

感染症による発熱は、体の防御機能として重要な反応ですが、同時に食欲不振をおこします。解熱をすれば食欲は回復します。

口腔内の病気、例えば虫歯のある猫はその痛みのため、食事をとれなくなります。初期虫歯の時は、痛い歯に食べ物があたらないように首をかしげて食べるそぶりを見せます。また、フードを前に考え込んでいる姿を見ることもあるでしょう。虫歯の痛みは経験した事のある人には簡単に想像がつくのですが、あえていうなら「知覚過敏で歯がしみる」の数倍から数十倍の痛みといえるでしょうか。

猫の歯の痛みは慢性の食欲不振をおこすことを知ってあげましょう。

次に環境の変化、例えば引っ越しして新しい家に入ったり、病院に預けられた猫が食欲不振になったり、食事をとれないことがあります。この場合は、新しい環境が自分に害を及ぼさないことを猫自身が理解出来るまでは、食欲不振が続きます。このような状況下では猫をなるべくそっとして安心できるよう見守ることがとても大切です。通常は、時間の経過とともに問題は解決します。

食べたがらない状態と食欲不振は、見た目は同じですが、違います。色々なキャットフードを次々と変えて食べている猫は、今まで食べていたキャット

フードをぱたりと食べなくなる事があります。食欲不振のように見受けられますが、別なフードを出せばまた食べ始めます。

この様なとき飼い主は「猫が今まで食べていた食事にあきたのだ」と判断してしまうのですが、猫が食べ物に飽きるという行為は医学的には証明できません。この場合少し見方を変えて、猫がもうこのキャットフードを受け入れられないと考えてみる必要があります（慢性胃炎で詳細）。

キャットフードの中には猫の嗜好性を高めるために人工的な物質を加えている場合があり、初めは喜んで食べていてもしだいに食べることが出来ない状態になります。このような状態はキャットフードが原因で起こる食欲の不定で病的な食欲不振ではありませんが、その状態を飼い主が理解できないと病的な状態に移行してしまうことがあります。嗜好性で選ぶ猫のフードのあり方を根本的に考え直す必要があるでしょう。猫の食事について、獣医師に相談することはとても大切なことです。フードは毎日淡々と食べ続けられる物、質の良いものを選ばなくてはなりません。

病気の末期の食欲不振は、猫が食べ物を受け付けることの出来ない状態です。この状態では、食事を強制的に与えたとしても体が受け付けなくなっています。しかし水分補給だけはどうしても必要です。

猫は食欲不振がつづけば、肝臓に脂肪が蓄積されていく肝リピドーシスを起こすことがしられています。ですから食欲不振の原因を早く知り、適切な治療を施すことが大切です。

飼い方による危険度チェック⑥

危険度3

リフォームを行った

室内のリフォームを行うと今まで暮らしていた生活の空間がすぐに化学物質で汚染されることがあります。特に揮発系の接着剤を使用するとその空間は数日間化学物質で満たされてしまいます。たとえ人間は大丈夫でも感受性の高い猫は影響を受けます。

食欲不振から考えられる病気

猫の食欲不振は、

- ●鼻がつまっている。
- ●フードの臭いを嗅ぐ。
- ●フードを近づけても臭いを嗅がず顔を背ける。
- ●フードの前で考え込む。
- ●フードを前に口をクチャクチャさせる。
- ●食べ物の前まで行くものの結局は食べない。

それでは猫たちに食欲不振をおこさせる主な原因をみていきましょう。

慢性胃炎《まんせいいいえん》

慢性胃炎を患っている猫は、食欲が一定せず、食べたり食べなかったりを繰り返します。食欲が完全に排絶したときには体は衰弱し、食べ物を受け付けなくなっています。

消化管《しょうかかん》の損傷《そんしょう》

猫が猫草を食べると、消化されない草が消化管に損傷を与えます。猫は草を食べると吐き気を起こします。草を食べて嘔吐すると、胃液が食道に逆流して食道炎をおこします。食道炎を起こした猫は食欲不振がみられます。

フェノール中毒《ちゅうどく》

消毒薬として、アルコールに類似するフェノール、クレゾール、や、解熱鎮痛剤として使われているサリチル酸は猫に中毒を起こす物質です。

これらの物質は粘膜から吸収され、消化間粘膜を傷害します。猫は体内に入ったフェノール類を代謝するために必要な酵素が欠損しています（グルクロニド合成の欠乏）。

食欲不振、低体温、昏睡、死に至ることがあります。猫の環境を消毒するにはクレゾールの使用は危険です。

塗料《とりょう》などの化学物質《かがくぶっしつ》

トルエン、ベンゼン、など揮発性化学物質の部屋に猫がいることで鼻がきかなくなり、食欲不振になります。

シックハウス症候群《しょうこうぐん》

人間が臭うような化学物質の充満した室内で、猫を置いてしまうことは危険です。人間には臭わなくても接着剤、化学素材に暴露された猫は食欲不振がおこります。

ウイルスの上部気道感染《じょうぶきどうかんせん》

ヘルペスウイルス

鼻粘膜、結膜等でウイルスが増殖するため鼻が詰まり、食欲不振になります。くしゃみ、鼻汁、結膜炎、等が主な症状です。子猫の場合、黄色い鼻汁によって鼻の通気が全く出来なくなり、口をあけた開口呼吸をする状態をみることがあります。ヘルペスウイルスは感染力が強く、同じ空間にいる猫はほぼ全員に感染していきます。ワクチン接種で予防できる伝染病の一つです。

●治療

栄養補給と抗生物質の投与などを行います。

カリシウイルス感染症《かんせんしょう》

鼻、口腔粘膜等でウイルスが増殖するため鼻がつまり、また、口内炎のため食欲が不振となります。肺炎には注意が必要です。ワクチン摂取で予防できる伝染病の一つです。

●治療

栄養補給と抗生物質の投与などを行います。

肝《かん》リピドーシス

脂肪肝症候群とも呼ばれます。正常な肝細胞に中性脂肪、トリグリセリドが蓄積します。食欲不振が発病の引き金になります。

胆管肝炎や炎症性腸炎、糖尿病等、食欲不振を引き起こす病気に続いて、肝リピドーシスがおこります。飢餓状態が数日続いて充分な動物性蛋白質をとれないと肝リピドーシスを発症します。

●治療

点滴をしたり、抗生剤の投与をします。また、栄養的にバランスのとれたキャットフードの強制給餌を行います。

胆《たん》管《かん》肝《かん》炎《えん》

胆管肝炎を起こしている猫は食欲不振と体重減少が見られます。

●治療

抗生物質の投与を行います。

飼い方による危険度チェック⑦

危険度1

近くに新築の家を建てている

たとえ自分の家でなくても、外装の吹きつけ工事は近隣の空気に影響を及ぼします。人間が臭うと感じる濃度であれば猫は易々と中毒になってしまいます。外からの空気に注意して猫を移動させることも考えましょう。

虫歯《むしば》

猫の虫歯は猫の口腔内の感染に大きく左右されます。細菌の固まりである歯石の形成が、歯肉炎をおこし、歯肉を引き下げて、柔らかい象牙質がむき出しになります。

ここから虫歯が始まり歯髄の神経に触ることで痛みを生じます。食べ物が痛い歯に触ることを避けたい猫は首をかしげながら物を食べます。涎《よだれ》が出るのも、虫歯のある猫の特徴の一つです。歯の痛い猫は、痛い歯の辺りを気にして、前の手で触わります。白い猫は虫歯のある側の前の手を、度々口に当てるため、その唾液で茶褐色に毛の先が変色していることがあります。

虫歯があると痛みのためグルーミングが充分に出来ませんから、体の毛がバサバサしています。虫歯のある猫は徐々に食欲が落ちてきます。体重の減少も見られ、食べたり食べなかったりの食欲の不定を示し、ある時に全く食べなくなるときがあります。

虫歯の食欲不振は放置すれば餓死を招くことになります。

●治療

歯石を除去し虫歯を抜歯します。

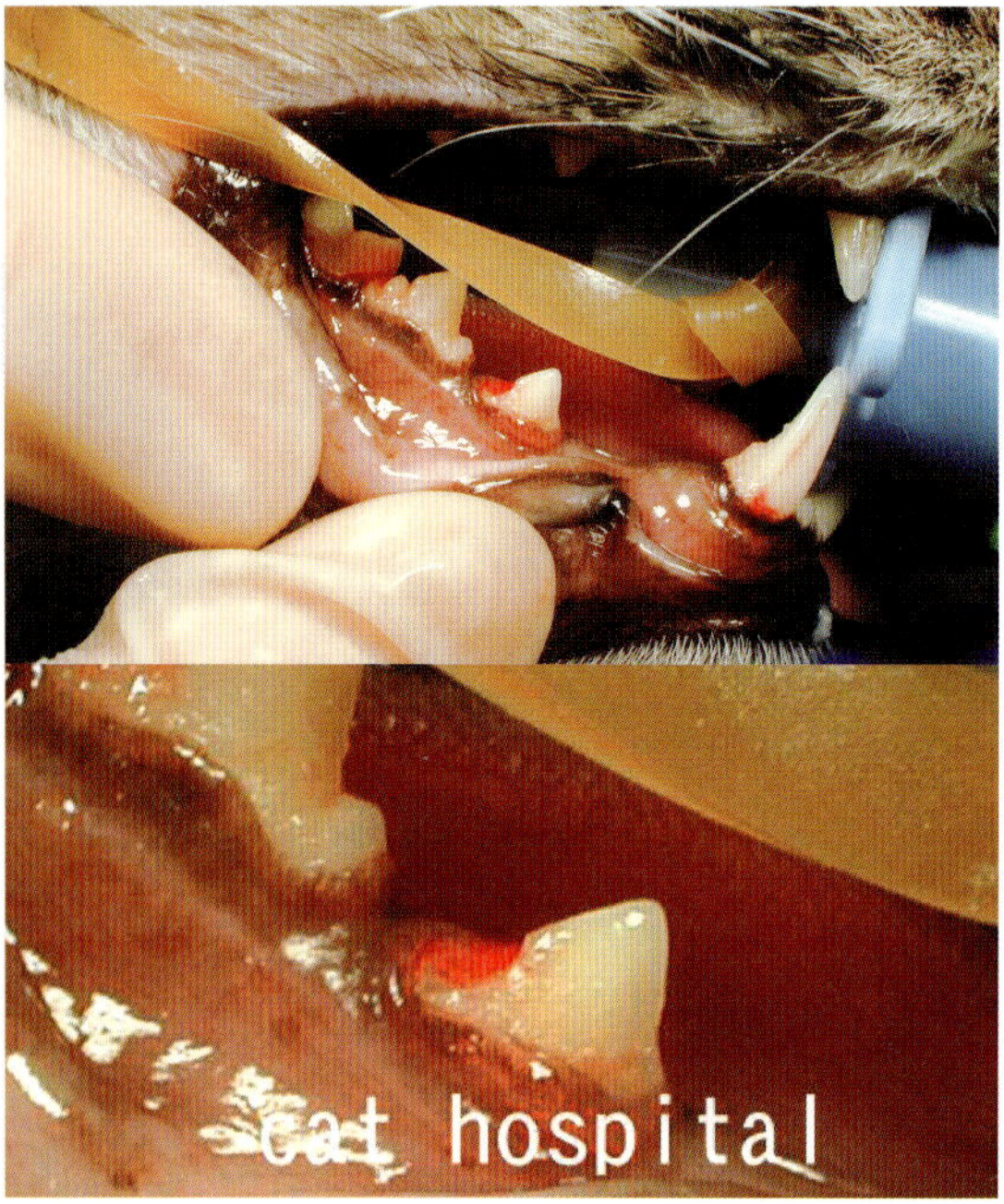

猫の虫歯は、食欲不振を引き起こします。

発熱《はつねつ》

猫の平熱は38度5分です。ウイルス感染は発熱を起こします。猫伝染性腹膜炎に感染した場合、40度以上の発熱がみられます。発熱している猫は食べることは出来ません。

細菌感染でおこる肺炎も39度5分から40度の発熱がおこります。抗生物質の治療が必要です。癌では腫瘍細胞等から放出される発熱物質により発熱します。抑うつにつづく食欲不振がみられます。

急性《きゅうせい》非《ひ》リンパ球性《きゅうせい》白血病《はっけつびょう》

この病気は急激に発症し、急激な食欲不振と嗜眠をおこします。衰弱と体重減少を起こします。同時に貧血がみとめられます。

口腔《こうくう》扁平《へんぺい》上皮《じょうひ》癌《がん》

口腔粘膜が癌に冒され壊死や潰瘍をおこすため、流涎を伴う嚥下困難となります。口腔扁平上皮癌は高い侵襲性をもつ転移性の高い癌です。

●治療

症状の緩和は期待できるかもしれませんが、治療法は確立されていません。予後は非常に厳しいものです。

癌の治療のための化学療法によって猫は食欲不振をおこします。

腎《じん》不《ふ》全《ぜん》の末期《まっき》

腎不全の末期にはひどい尿毒症のため、中枢神経性の悪心がおこります。

大声で鳴くといった神経症状も見られます。

腎不全になると、造血ホルモンであるエリスロポエチンを産生できず、貧血をおこします。食欲不振にはじまり、嘔吐がみられることもあり死亡します。

●治療

腎不全の治療は食欲の充分にあるときから始めます。数年の治療期間を経て、徐々に末期状態を迎える事が出来れば猫には一番負担のない生活が出来ます。腎性貧血が見られるようになったらエリスロポエチンの投与が有効です。

腎不全の末期には猫は、全く食欲が無くなりますがそこに至るまでの過程で良い治療ができていれば猫の死への苦痛を軽減できると思います。

イラストで見る歯

歯の炎症

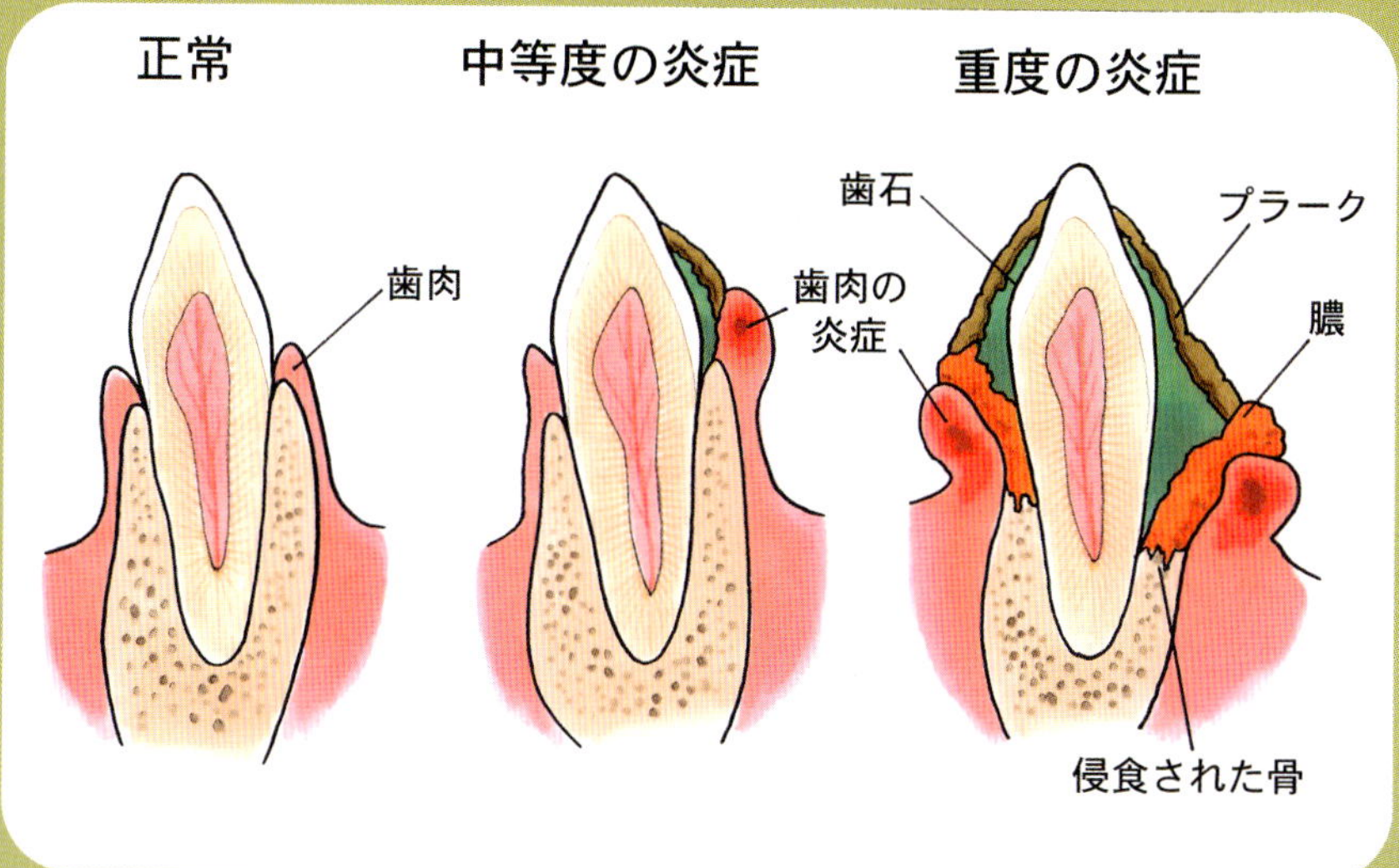

歯石があると歯肉炎をおこし、歯肉を引き下げ、象牙質がむき出しになります。歯石の除去は、2年から3年に1回、歯肉の炎症が起きる前に行うことが理想的です。

動かないから考えられる病気

●猫は体のどこかが具合の悪いとき動かずにじっとしています。

ウイルスや細菌感染で熱が出れば体を丸めうずくまります。動かないという行動は体力の温存と回復の機会を待つ猫の防御能といえるでしょう。また、貧血がある場合も猫はあまり動きません。

貧血は赤血球が正常より少ない状態です。赤血球というのは、酸素を体に運ぶという重要な働きがあります。ですから貧血になると、体に運ばれる酸素の量が足りなくなります。生きる上で大切な脳や内臓には酸素を送り続けなければなりません。運動するには筋肉へ充分な酸素の供給が必要です。しかし貧血している猫にとっては必要以上な運動に酸素は使えません。そこで動かないようにしてなるべく酸素を使わないようにして生きる選択をしているのです。

また、動くといたい腹痛など内臓痛があるときも猫は動かずじっとしています。猫同士のケンカによるアプセス（皮下膿瘍）のある猫も動かずじっとしています。

脱水している猫も動きません。脱水は特に老齢の慢性腎不全になっている猫に注意が必要です。慢性腎不全以外にも脱水させる原因は嘔吐や下痢など様々あります。いずれにせよ、脱水に対する治療をすると、脱水が補正されるとそのとたんに動くようになります。

心不全の猫も動きが悪くなります。人間で言う動悸、息切れの症状を猫に明確に見ることはできませんが、心不全の治療を始めると明らかに運動性がましてきます。慢性腎不全や癌、慢性胃炎などの病気の猫が、今まで動いていたのに動けないという状態になったなら、病気の悪化ととらえます。病気の悪化での動かないは死の目前ということになります。また、病気ではなくとも動かないことが猫にはあります。病院の診察台で体を硬くして動かない猫がいます。引っ越し先の新しい部屋で、ベットの下にもぐって一日中動かない猫もいます。来客があると、部屋の角に隠れて何時間でも動かない猫も珍しいわけではありません。猫の本能であめ警戒心は、動かないということで猫自身を守っているのです。

動かない猫の観察ポイント

❶ 部屋の角にうずくまっている。
❷ 動きに素早さを欠く。
❸ 寝てばかりいる。
❹ しようと思えばジャンプもできるがしない。
❺ からだを触ることをいやがる。
❻ 体をさわるとゴワゴワした感じになっている。
❼ トイレに行くことができな

い。若齢の猫で、気持ちは遊びたくても、いざおもちゃで遊ばせて実際に体を動かすと2～3分もしないうちに横たわり、口を開けて呼吸をする猫には心疾患の疑いがあります。これは動かないというよりは動けないというほうがよいかもしれません。猫の心疾患は運動不耐性という状態で発見されます。本来猫は自分の背の高さの何倍もの距離をジャンプ出来る能力があります。健康な猫は明け方や夜に猛スピードで部屋中を駆け回り、登れるところはどこへでも駆け上るような「猫の狂気の30分」と呼ばれる運動をします。これは健康であれば10歳を過ぎた高齢の猫も、15歳の猫にも見られます。若い猫で運動があまり見られない場合は、心臓の疾患を疑う必要があります。

貧血《ひんけつ》

貧血のある猫は動かなくなります。貧血の起こり方が、慢性的なものであれば、食欲はあるけれども、あまり駆け回らなり、寝てばかりいるようになります。猫の歯肉は本来ピンク色ですが、白っぽくなっていたら貧血は相当進んでいると考えていいでしょう。貧血の具合を客観的に見る上で血液検査はとても有効です。血液検査において、貧血の一つの指標をヘマトクリット値で現すことができます。ヘマトクリット値は血液全体に占める赤血球の量をパーセントで現す物です。正常値は30パーセント以上です。それ以下は貧血ということになります。ヘマトクリット値が10パーセントを

イラストで見る病気

正常な心臓

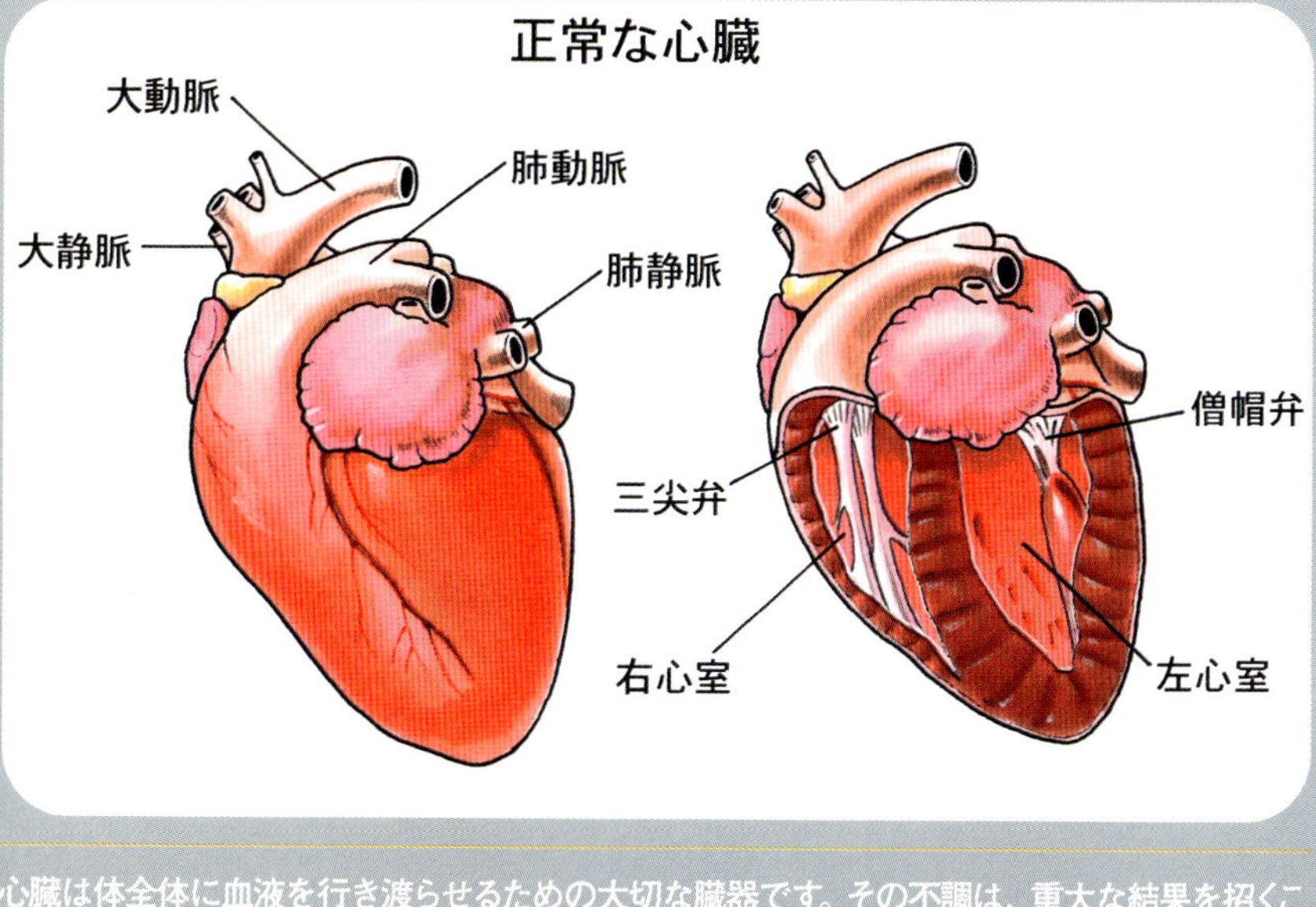

心臓は体全体に血液を行き渡らせるための大切な臓器です。その不調は、重大な結果を招くことも少なくありません。

下回れば動くことはもちろん食べることも出来なくなります。急性の貧血は事故による失血や癌組織の大きな血管の破れなどによって急激に起こる状態です。外科手術による血管の結紮が不完全な場合には貧血が起こることがあります。急性の貧血は、緊急な事態ですから速やかな対応処置が必要になります。生き物は血がなくなれば生きることは出来ません。

貧血を起こす原因を以下にあげます。

出血

外傷や裂傷により、事故などで傷害された部分からの出血がある場合急激な出血はショック症状をおこし、死を招くこともあります。脾臓の腫瘍組織の血管が破れ急激な出血が腹腔内に起こると猫にショック症状を引き起こします。

◉治療

出血部位を止めること。点滴、輸血をおこないます。

慢性的な貧血がある場合

1、慢性腎不全の猫は、腎機能の低下から造血ホルモンであるエリスロポエチンの産生がだんだん悪くなってゆきます。エリスロポエチンは骨髄に作用して赤血球の形成を命令するホルモンですからこのホルモンが少なくなると貧血が起きてしまうのです。

◉治療

エリスロポエチンの投与。

2、ヘモバルトネラ感染では赤血球に寄生しているヘモバルトネラが赤血球を壊し溶血させます。同時に黄疸も認められます。

◉診断と治療

赤血球に寄生しているヘモバルトネラを確認します。内服薬により治療をします。

赤血球を作る場所が壊されてしまう場合

骨髄の造血機能が侵されると、血液が作れなくなります。特に問題となる原因に猫白血病ウイル感染があります。猫白血病ウイルスが骨髄に及ぶと、骨髄は新しい血液を作ることが出来なくなり、非再生性貧血をおこします。

抗生物質のクロラムフェニコールは骨髄の造血を抑制して貧血をおこさせます。

化学物質が赤血球の破壊をする場合

アセトアミノフェン（解熱鎮痛薬）は赤血球に損傷を起こします。メトヘモグロビン血症と溶血性貧血をおこします。ですから人の風邪薬を猫には小量でも飲ませては絶対にいけません。

プロピレングリコールは猫に貧血を起こします。

心《しん》疾《しっ》患《かん》

心臓は体に血液をおくるポンプの役割を持っています。心臓の働きは体に十分な血液を休みなくおくりだす事です。しかし、心臓に疾患があれば、体に充分な血液を送り出すことはできません。猫の運動量は低下します。

左《さ》心《しん》室《しつ》不《ふ》全《ぜん》

心拍出量の低下がみられ、運動量が低下します。

左心室不全は、心拍出量の低

下は運動時の疲れ、失神をおこします。肺静脈高血圧は呼吸速拍、呼吸困難、肺水腫をひきおこします。

右心室不全《うしんしつふぜん》

心拍出量の低下と全身性の静脈高血圧（うっ血）に起因し、胸水、皮下浮腫をおこします。

心不全の状態を診ながら薬剤の投与をおこないます。

先天的な心疾患　房室中隔欠損　僧帽弁、三尖弁の形成異常などは、精密検査により疾患の診断がつきます。

心筋疾患として、以下の二つは重要です。心臓の聴診、レントゲン、超音波診断を行います。心筋症は治せる病気ではありませんが、その病期によってそれぞれの治療を行っていきます。

拡張型心筋症《かくちょうがたしんきんしょう》

心室の筋肉の収縮が悪くなると心臓が拡張してその働きを補おうとします。しかし、大きくなることにも限界があり、体に必要量の血液を送り出すことが出来なくなり心不全が起こります。次第に肺水腫がおこります。胸水が溜まることもあります。

▼原因

タウリン欠乏　甲状腺機能亢進症　全身性高血圧

肥大型心筋症《ひだいがたしんきんしょう》

特に左心室の心筋に著しい肥大がおこります。心筋の肥大によって心筋が硬化します。原因は不明です。

イラストで見る病気

拡張型心筋症

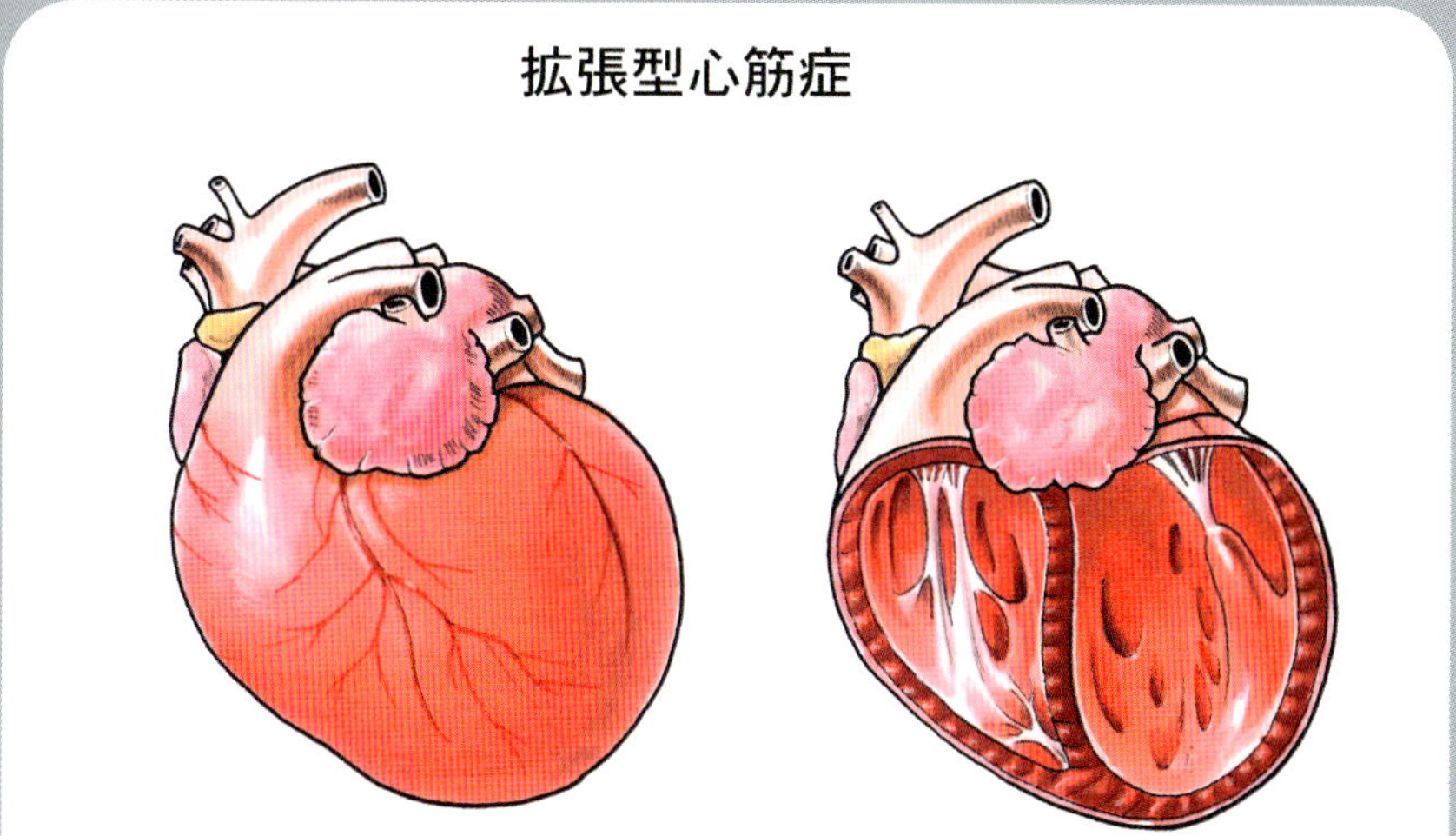

拡張型心筋症の心臓は、心筋が薄くなり内腔が広くなっています。

心《しん》室《しつ》中《ちゅう》隔《かく》欠《けっ》損《そん》

遺伝性心奇形で、房室弁形成異常を伴うことが多いといわれています。猫の遺伝的な心奇形の中では、発生率が高いと報告されている病気です。

聴診により、心雑音が聞こえます。軽度から重度までありますが、重度の欠損では、うっ血性心不全を起こします。

動《どう》脈《みゃく》管《かん》開《かい》存《ぞん》

外科的に修復手術を施せる可能性が高い心臓の奇形です。動脈管は出生後に閉鎖されるものですが、動脈管が開いたままの状態になっています。心不全を引きおこします。

僧《そう》帽《ぼう》弁《べん》形《けい》成《せい》異《い》常《じょう》

遺伝性心奇形です。乳頭筋構造、腱索、僧帽弁尖の形成異常などの病変が見られます。心室中隔欠損などと、同時に見られることがあります。弁の不全は、左心房に血液を逆流させます。うっ血性心不全が起こります。呼吸困難がみられます。運動すると動けなくなります。

大《だい》動《どう》脈《みゃく》弁《べん》下《か》狭《きょう》窄《さく》

左心室流出路、大動脈弁の狭窄は、猫の遺伝的な異常です。大動脈弁上部狭窄が病変としては多く認められると言われています。僧帽弁形成異常など、他の遺伝性の欠陥と、同時に認められることがあります。うっ血性心不全を起こします。

ファロー四《し》徴《ちょう》症《しょう》

ファロー四徴症とは肺動脈弁狭窄、右心室求心性肥大、大動脈弁下部心室中隔欠損および大動脈騎乗が同時にある、心疾患です。猫にチアノーゼが認められます。慢性的な低酸素状態にいる猫は、運動不耐性となります。心臓発作や突然死も起こりやすい重篤な心疾患です。

低《てい》カリウム血《けっ》症《しょう》

特徴的には首が下がってしまう姿勢が見られます。また歩き方がゆっくりになります。ふらつくこともあります。排便の最中にへたり込んでしまうこともあります。

老齢の猫に低カリウム血症がおこっても、年のせいと飼い主が思ってしまうと、治療の機会が失われてしまいます。

腎機能傷害、慢性腎不全の場合、尿量の増加から、尿中へ過剰にカリウムが排泄され、低カリウム血症になります。また食事からカリウムを摂取出来ない場合もこの原因となります。

◉治療

カリウムの補給を行います。

アプセス

猫どうしのケンカにより、咬傷を負うと、猫の口の中にいる菌のパスツレラが傷口から皮膚に入り皮下織に入り込み増殖します。この状態をアプセス（皮

下膿瘍73P参照）といいます。猫に化膿を起こすパスツレラは菌の性質から「嫌気性菌」に分類される菌で酸素を嫌い酸素の届かない場所で活発に増殖していきます。つまり皮膚の下の組織である皮下織は菌にとっての絶好の場所なのです。猫にとっては菌が入り込むところから感染が始まります。この感染に対して猫の体の免疫系が働き始めます。体は発熱することで感染の防御を始め血液の中では白血球が細菌を食べてしまうために多数動員されます。体の中では壮絶な闘いが繰り広げられていますが、その間猫はじっとして耐えていかなければなりません。動かないことでじっと回復の機会を待っているのです。皮膚が破れて生臭い黄色いどろっとした膿が出てきますがこれは戦った白血球の死骸です。

◉治療

パスツレラの嫌気性という性質から、酸素に曝されれば増殖できません。排膿と消毒、抗生物質投与が一般的です。

骨折《こっせつ》

車やバイクとの衝突事故により命はとりとめたものの多数の損傷を受けます。高い建物からの落下事故も骨折の原因となります。猫は安全な所に身を隠し、動かないことで回復の機会を待ちます。動くことにより事故で受けた以上の損傷を受けないためにも動かずじっとしていることは体にとって有益だと考えるからです。

◉治療

事故後の全身症状が安定したことを見極めて手術をします。

イラストで見る病気

肥大型心筋症

肥大型心筋症

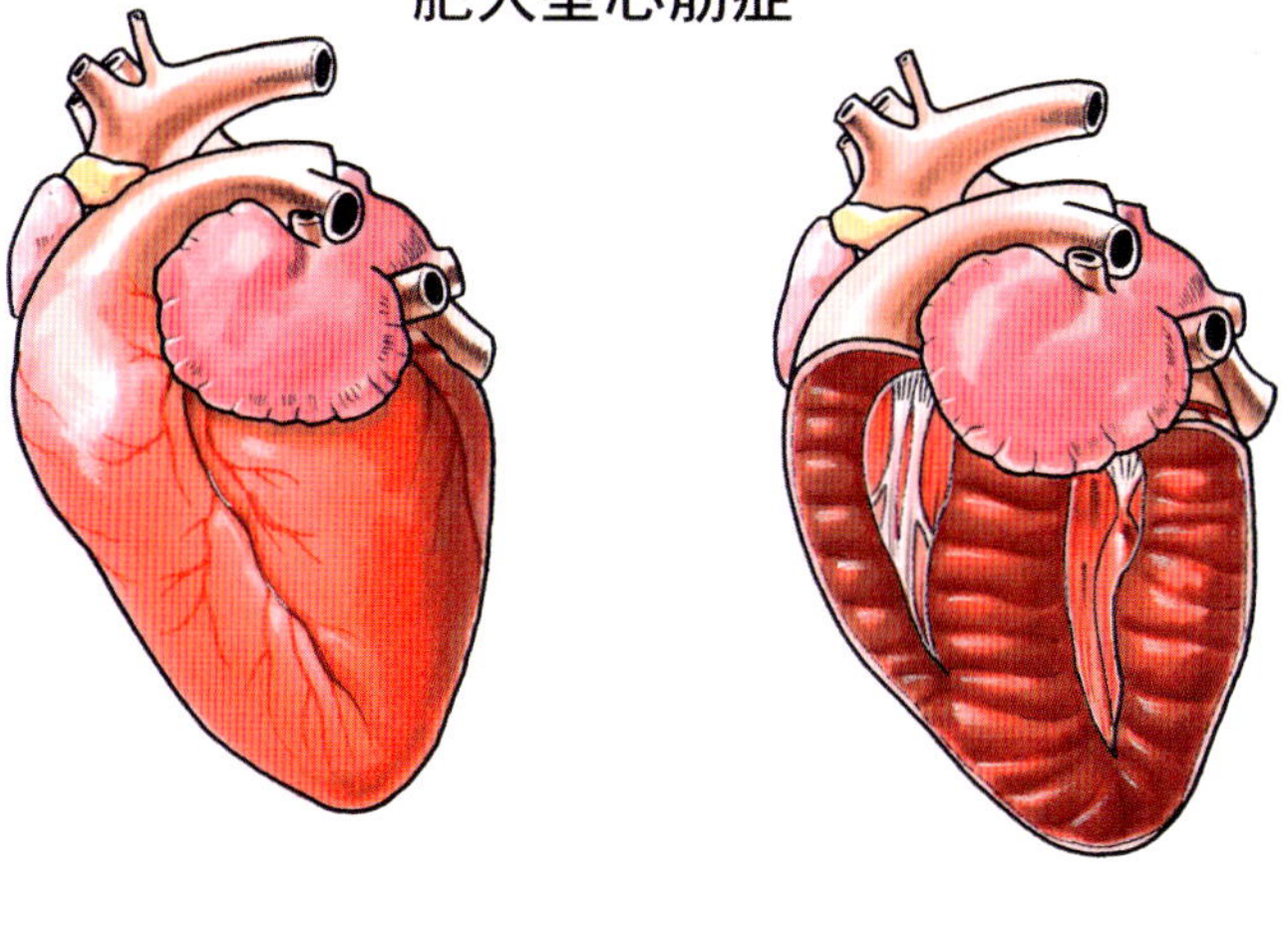

肥大型心筋症の心臓は、心筋が厚くなり内腔が狭くなっています。

トイレでいきむから考えられる病気

●猫の排泄、排便は猫の健康状態を知る上ではとても沢山の情報を具体的に与えてくれます。

猫が排尿する時は、砂を掘って位置決めをしたらその砂のへこみに尿が入るようにしゃがんだ姿勢で行います。排尿を終えると、その辺りをくんくんと臭いをかいでからおもむろに砂をかけます。

猫が排便をするときは、尿の時とは少し違うようです。砂の掘りかたは尿のときよりは念入りに排便が終わった後はその臭いを嗅ぎ、一山できるほど砂をかけることもあります。

猫の排泄、排便は猫の健康状態を知る上ではとても沢山の情報を具体的に与えてくれます。

ですから、そのトイレの環境は猫に快適であり、なおかつ飼い主にとってはよく目の届く場所に設置することが必要となります。猫砂は「猫は自分の排泄物の臭いを隠したい」という猫の本能を満足させる物を使用しましょう。鉱物のよく固まる砂は、尿も砂に当たるそばから固まっていきますから、砂をかける前足に尿がついてしまうことを極力避けることができるでしょう。トイレのそうじは最低でも一日に一回は行います。一般的には朝と晩二回です。

では、具体的に観察の仕方をお話ししていきましょう。

❶尿の砂の固まりの大きさを把握しておきましょう。砂を量って何グラムか知っておくこともよいでしょう（産生尿から飲水量を計算できます）。

❷砂の固まりが一日に幾つあるか数えておきましょう。

❸便の堅さを把握しておきます。

❹便は一日一回出ているでしょうか。

❺トイレに入る様子、トイレから出てきた猫の様子を観察しましょう。

❻トイレに入っているときの猫の姿勢はどうでしょう。

猫の健康なときの排泄物の状態、排尿排便の仕方はよく観察し、覚えておきましょう。そうすることで猫に何か問題があればすぐに気がついてあげられます。

❼トイレ以外の場所で排尿してしまった。

❽トイレ以外の場所でウンチをしてしまった。

❾排尿するのに力が入っている。

❿排尿中に鳴き声を上げる。

⓫排尿中に吐き気がある。

⓬排尿後に外陰部やペニスをよくなめている。

⓭いつもは排便の後にはきれいに砂をかけるのに、排便後砂をかけずに走って出てきてしまった。

⓮トイレに出たり入ったりしている。

⓯トイレに入っていきんでい

トイレでいきむ

るのに何もでていない。
⑯尿の流れの速さ。
⑰尿の太さ。
⑱尿の色。
⑲尿の臭い。

では、これらの症状を起こす原因を考えていきましょう。

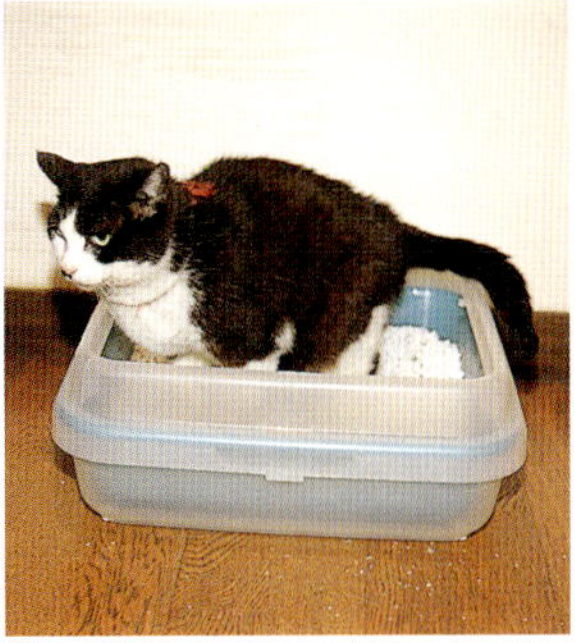

膀《ぼう》胱《こう》炎《えん》

膀胱炎はオスメスに関係なく起こる膀胱の炎症により、頻尿がみられます。トイレに小さな砂の固まりが多数観察されます。トイレに入ったり出たりします。残尿感を感じるのでしょう。何度かしぶっている（尿が貯留していないにもかかわらず、膀胱が尿を出そうとする）と、血尿がみられることがあります。食欲がある猫と全くなくなる猫がいます。痛みのため鳴き声を上げる猫、また嘔吐する猫もいます。

■診断

診察により空の膀胱を触ります。

▼原因

よく分かっていませんが、アレルギーの可能性があります。猫の膀胱炎は非細菌性に起こることが多いので、人間の膀胱炎のように細菌感染は一般的ではありません。しかし、膀胱炎の再発を繰り返すようであれば、尿沈査や細菌培養をすることも必要になるでしょう。

イラストで見る病気

尿道閉鎖

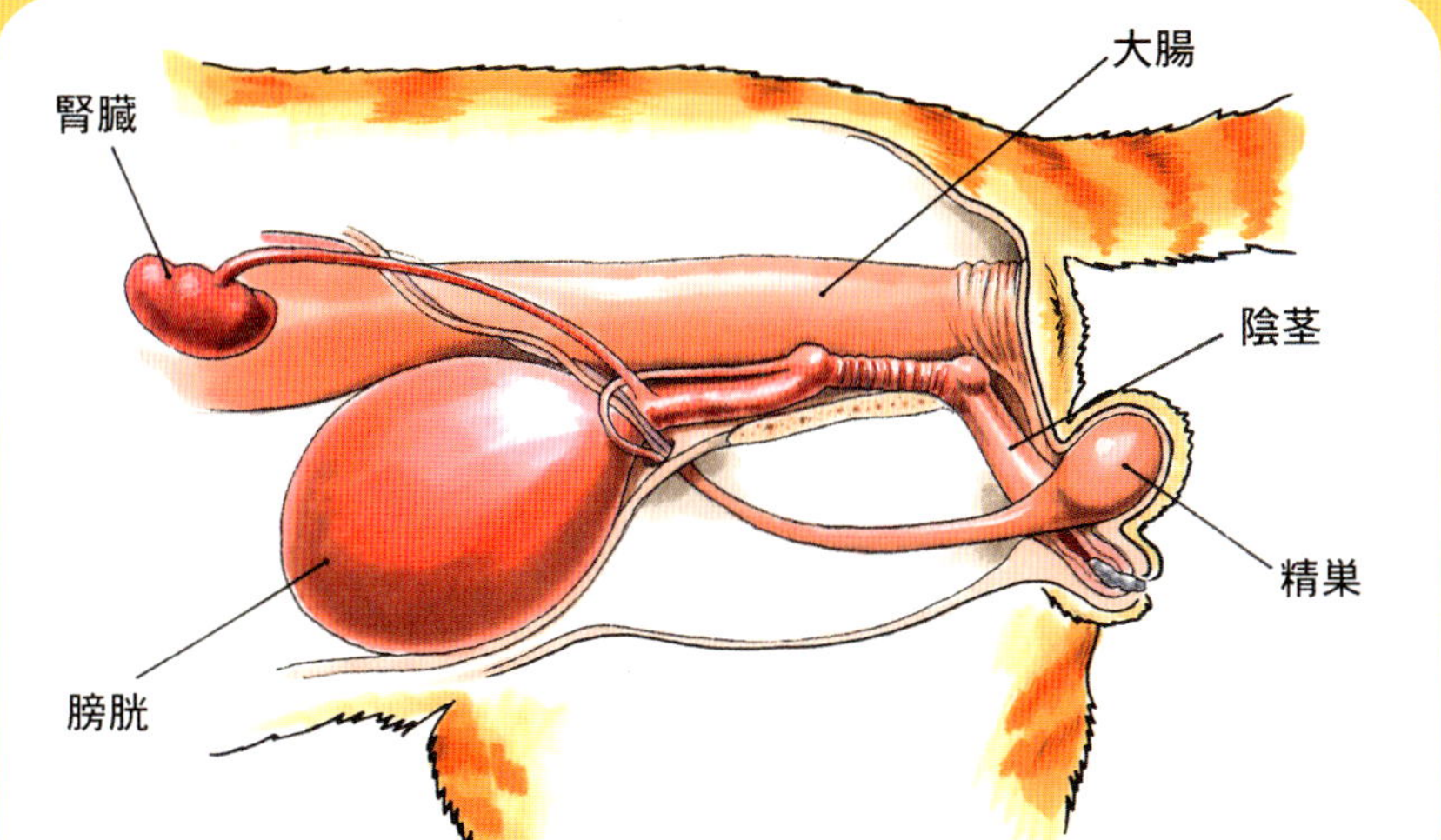

猫の尿道閉鎖は尿結晶により起こります。ペニスの先は細く最もよく詰まってしまう場所です。

尿《にょう》結《けっ》晶《しょう》症《しょう》

　正常な尿のペーハーは弱酸性、ペーハー6〜6・4位です。ペーハーの変化は結晶をつくる要因となります。また、飲水量の少ない猫の場合は、結晶が出来やすくなります。結晶性物質であるはリン酸アンモニウムマグネシウム結晶、シュウ酸カルシウム結晶等かが膀胱内にできます。尿中の結晶の種類は尿を検査することで診断します。

　結晶の成分によって治療方法は異なります。

　特にオス猫の場合は尿検査をすることは必要となるでしょう。

　治療の方針をたてるために、猫が排尿している最中に直接採尿したものを病院へ持参しましょう。ペーハーや比重、その他タンパクなど、尿検査でわかる異常も病気の発見につながります。また、細菌感染の有無を知ることも重要です。尿の細菌培養をして調べるとよいでしょう。

　結晶ができる猫の傾向としては肥満で運動不足があげられます。猫の適切な体重管理を心がけましょう。

尿《にょう》道《どう》炎《えん》

　尿道に炎症がおこると排尿困難を起こします。排尿時に痛みを伴う場合、猫は小量ずつ尿をだす頻尿になります。トイレ以外の場所で排尿することもあります。

◉治療

細菌培養で病原性細菌が認められれば、その細菌に効果の期待できる抗生物質を投与していきます。

尿《にょう》道《どう》損《そん》傷《しょう》

　尿道カテーテル施行による尿道損傷は、尿道閉鎖のためのカテーテル設置や、尿道カテーテルによる採尿により、尿道が損傷して排尿困難となります。

尿《にょう》道《どう》閉《へい》鎖《さ》

　膀胱に尿が充満しているにもかかわらす、尿を排泄する尿道のどこかに栓が出来てしまい尿が出ない状態が尿道閉鎖です。

■症状

　猫はトイレで排尿姿勢をとるのですが、尿は出ません。尿輪滴といって、漏れ出た尿がポトポト落ちることもあります。腹部を触るとカチカチになった膀胱が硬く触れます。猫は具合が悪く、不機嫌です。食欲は無くなり、嘔吐が起こることもあります。

◉治療

緊急に尿道解除する必要があります。

便《べん》秘《ぴ》

　便が硬く大きいとトイレで踏ん張っても出ないことがあります。キャットフードの中には便が粘土のようになってしまうものもあります。非常に出にくい便を出すために猫はトイレの中で姿勢を何度も変えいきみま

す。

老齢の猫も便秘をおこしますが、便意があってトイレに入っても1回いきんでつかれてしまって、まだすぐに出る便があるにもかかわらずトイレから出てきてしまうこともあります。

便秘の便は小さくてころころしていて、硬くなっています。ブドウのふさのようにくっついて高さのある便もあります。

便秘はとても苦しいものです。早めに気づいて治療してあげましょう。

◉治療

フードの改善で、便の性状は変化します。よい状態の便がでるフードを与えます。

浣腸もよいでしょう。

下《げ》痢《り》

トイレで排便をして、そのまま砂をかけずに一目散に走って逃げるような行動をする場合があります。不快感、お腹の痛みを感じてその場からすぐ逃げようとする行動ではないかと著者は考えています。

◉治療

下痢の原因療法。

骨《こつ》盤《ばん》骨《こっ》折《せつ》

骨盤が物理的に狭められるため、便意はあるのですがなかなか便が出にくく、しばらくすると猫はあきらめてしまうことがあります。

◉治療

骨盤の整形外科を行うことで治療出来ます。

便の性状を柔らかくすることも内科的治療です。

写真で見る病気

猫のペニス

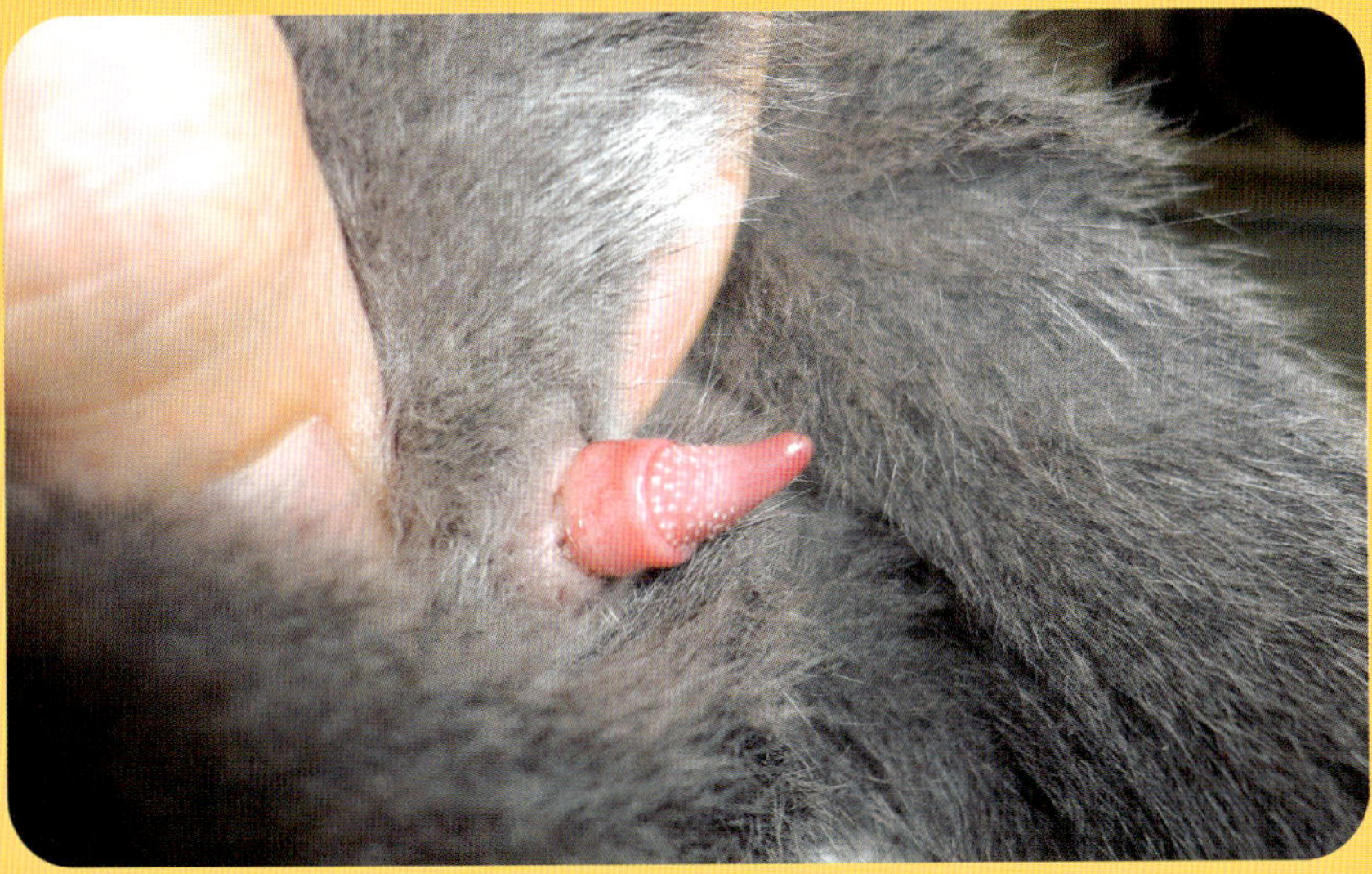

猫のペニスの先は細くオシッコを飛ばすように作られています。ペニスには突起があり交尾排卵を促します。

痩せるから考えられる病気

●成長期なのに痩せる。ダイエットしていないのに痩せる

痩せるというとダイエットと同義であれば良いイメージを持つ人もいるかもしれません。猫でも、肥満症や過体重の猫が食事制限をして痩せるのであればよいのですが、それ以外の理由で痩せるのであれば何か健康上の問題があると考えることが普通です。特に成長期の猫に体重の減少が見られた場合は、大きな問題を含んでいます。

猫は約１００グラムで生まれます。そして一日10～20グラム増えていきます。仮に一日約15グラム増えるとすると、一か月で約５５０グラム、二か月で約1キログラム四か月で約2キログラムとなります。四か月で2キログラム以上の体重があればオスメスともに健康に育った証拠です。成長は十二か月まで続きます。

しかし成長期に体重が増えない、逆に減ってしまうのは問題です。栄養が不足しているフードであれば体重は増えません。成長期の猫の栄養要求量は高く、特に良質な動物性タンパク質を多く含んだ食事が必要です。カロリーを脂肪や良質でないタンパク質、植物性タンパク質などでとり添加物を入れ嗜好性だけを高めたフードでは順調には育ちません。また確かな品質のキャットフードを食べているにもかかわらず体重の減少が認められるなら、猫自身に重篤な病気がある可能性があります。

急激な体重減少は、脱水を起こしていることの指標となります。もし一日で１００グラム体重が落ちれば、１００ＣＣの水分が脱水していることになります。老齢期の慢性腎不全で、多飲多尿を呈している猫が丸一日飲水出来ないと痩せたように見えます。

脱水の見つけ方

首の辺りの皮膚を親指と人差し指で軽くつまみ放します。正常ではすっと皮膚が戻ります。脱水していると、しばらくつまんだ形のままになっています。

被毛が硬くガヒガビになってきます。

口腔の粘膜は乾いたかんじになります。

目の辺りがくぼんで見えます。

ゆっくり進む体重の減少は、痩せていることを非常にわかりにくくします。毎日一緒に暮らしていると、日々の僅かな変化には気づきにくいものです。そこで猫の体重を定期的に計る習慣をつけておきましょう。年に1回の定期的なワクチン接種時には病院で計り記録しておきましょう。自宅でも三ヶ月に一回くらいは計るとよいでしょう。痩せてしまうのは、体が充分な

痩せる

■脱水
■腎不全

栄養を吸収できない状態であることもあります。内分泌疾患、ホルモンの異常や癌、腫瘍がある場合、また妊娠中の母猫にも認められます。

以下に、その原因をそれぞれ見ていきましょう。

脱《だっ》水《すい》

脱水による体重減少は急速に起こります。適正体重の3パーセントをこえれば重大な脱水と考えなければ行けません。腎不全、多渇多尿のある場合は、直ちに治療が必要になります。脱水を起こしている猫の口腔の粘膜は乾いたようになっています。皮膚がゴワゴワに弾力がなくなります。被毛が小さな束の様に、ぼそぼそとした印象になります。目か落ちくぼんだようになり、顔がとんがった印象に変わります。

●治療

水分の不足を補うための補液。水分補給。

腎《じん》不《ふ》全《ぜん》

食欲不振がおこることにより、体重は減少するのが腎不全の特徴です。

多飲多尿が起こります。

腎不全の状態を血液検査、尿検査で調べる。

腎不全は腎臓のほぼ75パーセントのネフロンが機能していない状態にあるということです。血液検査では血中尿素窒素、（BUN）、血清クレアチニンの値を腎機能の指標とするのが一般的です。加えて血清リン、血清カルシウムも行います。高リ

飼い方による危険度チェック⑧

危険度1

室内で絵を描く趣味がある

絵画を趣味にしている人も多いと思います。しかし美しい絵の具も管理を怠ると中毒性物質となります。乾く前の絵や絵の具そのものは猫にとって危険な物です。特に、絵の具事態を舐めることはなくても体についてしまうと猫は拭き取るように絵の具を舐めてしまいます。

ン酸血症は、ほぼ85パーセントのネフロンが機能しなくなったときに現れます。

■尿検査

比重の測定で、腎臓の濃縮能を評価します。蛋白尿は糸球体腎炎を起こしています。血糖値が正常な猫の尿糖の出現は、腎性糖尿を示唆します。

観察ポイント

飲水量と排尿量

猫の一日の飲水量を計り具体的に記録します。猫の水分必要量を把握しましょう。もし急に水が足りなくなったら飲水量が増えたことに気付きます。

排尿はオシッコの砂の固まりが増えていることや、一つの固まりの大きさが大きくなったら、尿量の増加に気付きます。トイレを使う頻度が多くなり、飼い主はトイレ掃除の必要が増えたことに気がつきます。

尿毒症になると猫は尿にも似た独特の口臭を発するようになります。

腎不全を急性と慢性とに区別して考えてみましょう。

急性腎不全を起こす原因として以下に挙げます。

❶腎毒性を持つ物質との接触
エチレングリコール（不凍液）、アミノグリコシド系抗生物質重金属など。

❷尿道閉鎖による尿毒症。

❸急性腎盂腎炎。

食欲の低下と数週間に渡り体重減少が認められる。細菌尿、血尿蛋白尿が見られます。

慢性腎不全を起こす原因として考えられるもの。

老齢の猫におこります。

甲状腺機能亢進症《こうじょうせんきのうこうしんしょう》

元気でよく食べていても痩せていることが特徴です。甲状腺ホルモンの定量でＴ４チロキシン値は上昇しています。

内分泌疾患である甲状腺機能亢進症はチロキシンが過剰に分泌される状態です。甲状腺は二葉からなります。気管輪に接しているのですが正常な猫では触知できません。甲状腺機能亢進症の猫では甲状腺の肥大により、甲状腺を触知出来る場合があります。

10歳以上の猫で、年をとったのに元気になったように感じる。

- ●活発に行動をし、鳴き声が大きくなってきた。
- ●よく食べているのに痩せてきている。
- ●下痢をする。
- ●多飲多尿がみられる。

甲状腺機能亢進症の猫には心悸亢進、高血圧が認められます。

◉治療

甲状腺ホルモンの合成阻害薬を投与します。

糖尿病《とうにょうびょう》

糖尿病は膵β細胞が進行性に壊されてしまうため、血糖を感知してインスリンの分泌をすることができなくなる状態です。

二次性糖尿病は副腎皮質機能亢進症やグルココルチコイドなどの要因によって発症します。

単純性糖尿病

糖尿病では尿糖が認められますが、これは、血液中のグルコース濃度が、腎尿細管の再吸収

能力をこえた場合に起こります。浸透圧利尿によって尿量は増加します。排尿が増加することで、血液の量が減って濃度が濃くなるので水が必要となり、喉が渇く多渇となります。この多尿多渇が糖尿の主症状です。また、多食もよく見られますが、炭水化物の代謝障害末梢組織の脂肪酸酸化の増大で、体重が減少しやせてきます。

尿検査

尿糖、ケトン尿。

血液検査

血中グルコース濃度200～300mg - deciliter。

腫《しゅ》瘍《よう》

猫は10歳を過ぎると癌の発生率がぐんと高くなります。

猫の癌は体重減少、食欲不振、沈鬱、元気の消失、下痢、嘔吐、体表に触知できる腫瘤など、猫の様子に何らかの異常が認められます。癌の出来る部位も、症状も様々ですが、高齢の猫で、今までと違う様子を感じたら、病院へいき診断をうけましょう。

猫の癌は進行が早いことと、悪性の場合が多く、早期の発見がとても大切になります。

猫が腫瘍や癌に侵されると栄養失調を起こします。口腔や食道に出来る癌では物理的に食事をとることが不可能になります。消化管に出来る癌では、消化不良をおこし、下痢をおこし、消化吸収が充分に出来ず、結果体には食べた物が栄養になりません。つまり癌になると栄養失調により体の筋肉も落ち、脂肪も落ち、病的な痩せ方をします。

猫によく見られる腫瘍として

飼い方による危険度チェック⑨

危険度3

近くに自動車整備工場がある

猫にとってラジエターの不凍液に使われるエチレングリコールは猫の好む甘い味がするため、それを取り扱う場所には猫を入れない配慮が必要です。

は、メラノーマ、扁平上皮癌、乳腺腫瘍、肺ガン、リンパ肉腫、などです。

化学療法（抗癌剤治療）の副作用

抗ガン剤は腫瘍の治療にもちいられるものですが、その副作用は猫に食欲不振をまねき、体重減少をおこします。

血液毒性

骨髄抑制による末梢血の好中球減少と血小板減少をおこします。好中球減少は、細菌感染を容易にし、敗血症を引き起こします。発熱、食欲不振、悪心がおこります。

消化管の毒性

悪心、食欲不振、下痢をひきおこします。

抗ガン剤の治療中に副作用が発現した場合は、薬剤の投与を中止して、支持療法を行います。

ウイルス感染による発熱は、食欲不振を招きます。同時に体力を消耗させます。ウイルスによる免疫抑制が起こると、食欲不振につづく栄養不良をおこします。

成長期の猫が、ウイルスに感染した場合は、発熱による食欲不振により体重は増えません。それどころか減少してしまうこともあり、この状態は非常に危険です。

猫伝染性腹膜炎
猫白血病ウイルス感染症
猫後天性免疫不全症

口《こう》腔《くう》内《ない》疾《しっ》患《かん》

口腔内の痛みは耐えられず、食欲不振をおこします。

しかし、猫は「口が痛い」とは言いません。そこで飼い主は猫の行動、様子から「口の痛みを察して」あげなくてはいけません。

食欲不定をしめし、フードを選ぶようになります。フードを前に考え込むような様子も示します。

いつものように遊ばなくなり、機嫌の悪さを現すようになります。口が痛いために、グルーミングが出来なくなり、被毛は抜け落ちた毛が絡まってボサボサになります。

また、グルーミングする場合、口臭と同じ臭いが被毛につき、体全体が臭くなります。飼い主をよく舐める猫は、口臭が気になるようになります。

顎をがくがくさせるのも特徴です。前足で口の辺りを盛にひっかき、くっついた物を取ろうとするような行動をします。頭を振るような、首をふるような行動もみられます。痛みが限界に達すれば、食事ももちろん、水も飲めなくなります。フードに見向きもしなくなり、痩せて餓死していきます。

口腔内の検査

唇をめくって歯と歯肉の様子を観察してみましょう。猫の歯は上下で30本です。健康な歯は硬いエナメル質に覆われ白く、歯肉はピンク色です（色素の沈着で黒っぽい猫もいます）。

歯垢

歯の表面に黄色く見える歯垢が蓄積します。口腔内細菌を主体に形成されています。

歯石

歯石は歯垢に鉱物質が沈着し形成される細菌の固まりです。黄色～茶に近い色調です。歯石は歯肉を後退させ、歯根部を露

わにします。歯肉の炎症を助長します。

歯肉の炎症

歯に接した歯肉が赤くなってきます。進行すると腫れます。触ると出血する状態から、自然に出血するようになります。歯肉炎が進行すれば歯周ポケットができるため、細菌や食物残査がポケットに入り込み歯肉炎をひどくします。

●治療

出来れば歯肉炎が起こる前に、歯石の除去を行うのがよいでしょう。また歯肉炎がある場合はなるべく早いうちに歯石の除去を行うことができれば歯を守ることになるでしょう。

外歯根吸収

歯のセメント質エナメル質の接合部が歯骨細胞により吸収されます。こうして歯根部が浸食されていきます。露出された象牙質は過敏になり、水がしみるようになります。痛みを生じ、水を飲めず、食欲不振となり、脱水症状をおこします。

●治療

抜歯を行います。

猫カリシウイルス感染

舌と口、口蓋に潰瘍性口内炎を形成します。血が混じった生臭い涎をだし、非常に激しい痛みで、食欲不振になります。

口腔の外傷

事故で下顎の骨が折れると食事をたべることができません。

●治療

外科的な整復手術。

口腔の腫瘍

好酸球性肉芽腫は潰瘍が形成され、糜爛がおこります。

扁平上皮癌は舌下部、歯肉にできます。治療は困難です。

危険度10

飼い方による危険度チェック⑩

ポピュラーフードを食べている

嗜好性のよいポピュラーフードは、肥満や栄養障害をおこす危険度が高くお勧めできません。また安くて質の悪いフードを食べ続けると甲状腺機能亢進症を高い確率で引きおこすとの報告がアメリカではあります。猫の食事には高くても質の良いプレミアムフードを与えましょう。

腹部の膨満から考えられる病気

●上から見たときに、お腹が横に張るようにみえたら異常

肥満

猫の腹部の大きさの変化は、単に太ったというだけでなく、何らかの異常と考えなくてはいけません。「太っている猫」に、一種のかわいさを感じてしまう人も世の中にはいるようです。獣医師であれば、かわいいのではなく、かわいそうと感じます。太っていることは猫にとって決して好ましいことではないからです。

猫本来の食生活と狩猟活動を考えれば猫は太るはずのない生き物です。「健康的な肥満」という相反する状態は猫には存在しないでしょう。猫を上から見たときに、お腹が横に張るようにみえたら明らかに何か問題です。

腹部が硬く感じたり、波動感をもった膨満などを感じたなら、何らかの病気の可能性があります。

それでは腹部の膨満する原因についてみていきましょう。

肥《ひ》満《まん》

肥満は猫の一般的な栄養異常です。摂取カロリーと消費カロリーのバランスが悪い状態で、肥満はおこります。摂取カロリーが多いというのは、必要以上に食べる過食、高エネルギー食の常食です。消費カロリーの低下は、運動不足の結果です。この状態は、体脂肪を増加させます。肥満がおこると、エネルギー消費が増加します。この消費の増加は、エネルギー摂取（食べること）で安定していきます。肥満の状態は維持され続けます。過剰にとったカロリーは、エネルギー源としての体脂肪となり皮下、腹部に貯えられます。腹腔内に過剰に脂肪が蓄えられた状態の猫は、腹部がパンパンになりますが、猫としては不自然な体型です。

猫は肥満になると極端に動かなくなります。しかし動かなくても食べる量が減るわけではありません。猫の体重では6キロを超えるとたんに動けなくなるようです。動かないけれど食べ続け、体重は増加の一途をたどります。

肥満は糖尿病、肝リピドーシスになる最も大きなリスクです。

肥満にさせないために

◎猫にとって適正体重、理想体重を知ること。

◎一歳までに健康に育った時点での体重を正確に測定しておきましょう。

◎理想体重の15パーセント以上を肥満とみます。

◎一日のキャットフードの重さを量ります。

腹部の膨満

◎消費エネルギーは猫の運動量によって決まります。一日の運動はどれぐらいか観察しましょう。

◎毎日猫と遊んであげましょう。

◎ジャンプ運動ができる環境を作りましょう。

フードの与え方

猫によって適正体重を維持するためのカロリー要求量は異なります。つまり必要なフードの量には違いがあります。それは猫それぞれの運動量の差が大きいと考えられます。ですからフードのパッケージに書いてある表記の通りに、体重の目安と与えるグラム数を当てはめることはできないでしょう。

フードを選ぶ

ポピュラーブランドよりプレミアムブランドを

猫の嗜好性と低価格を重視して作られているポピュラーブレンドフードは、猫の栄養学的な見地から、適切な原料で作られているプレミアムフードとは、そのフードの作られ方の目的の根本が違っています。猫の健康を保つためには、プレミアムフードを猫に与えましょう。猫は本来エネルギー摂取量を自分でコントロールできる動物なので、プレミアムキャットフードであれば、嗜好性ということとは別に、適量を毎日食べ続けることが出来ます。そして最適体重と健康状態が維持できれば、猫にとっては問題のないフードということができます。さらに客観的なデータを得るために体重を一ヶ月に1回は計り、変化が生じていないかを確認しましょう。

写真で見る病気

兄弟猫

兄弟猫でもすべて色と柄が違います。

過食《かしょく》

◎保護された猫

飢餓状態にいた猫を保護すると、驚くほど食べることがあります。

生きる事への執着は、その基本である食べることへの執着という形で現れます。

◎多頭飼育の場合

必要量は食べているにもかかわらず、他の猫の食事につられるように食べてしまうことがあります。別々のお皿にフードを分け与えてもお互いが他のお皿から競うように食べてしまう場合があります。また一方の猫がもう一方の猫の分まで食べてしまい、過食の猫と食事が充分に食べられない状態の猫とになってしまうばあいもあります。多頭のストレスは猫を過食する要因として考えられるでしょう。

◎飼い主との距離感

室内飼育になり、飼い主との一対一の非常に密接な関係性が、猫の過食を引き起こす要因ではないかと著者は考えています。本来自分の適量を必要なだけ食べることができる猫が、それ以上フードを欲しがるのはむしろ不自然なことだからです。

猫の鳴き声が「お腹がすいた」と聞こえる飼い主は、猫に必要以上のフードを与えてしまうようです。

いつもの食事を食べる場所で猫はきちんと座って鳴きます。目をじっと見つめ、そこから動こうとしません。フードを与え食べ終わると満足そうにグルーミングをします。足にまとわりついてくる猫にフードを与えるとまとわりつくのを止めます。このような体験は、飼い主と猫の習慣になっていきます。しかしその関係を「食べる」ことから切り離してみましょう。

フードを要求する猫におもちゃを見せてみましょう。猫は食事の要求を一旦忘れて、おもちゃに興味を持つと思います。もしそのようなことが起きるなら、猫の本当の目的は空腹からの食事の要求ではなく、あなたの注意を引きたいのだということがわかります。つまり、食べるという行為は猫の食欲を満たすだけではなく、飼い主に構ってもらいたいというサインだったという解釈も出来るのです。

猫の必要量のフードを計っておき、それを数回にわけて与えると良いでしょう。あげすぎることを防げます。

不適切なフード

原材料が粗悪で、嗜好性の良い、脂肪分が多いフードは猫を病的な肥満にします。血液検査では中性脂肪の上昇が認められます。また低蛋白も見られることがあります。

猫用のおやつなども与えてはいけません。

運動不足

室内だけで生活している猫の環境は運動不足になるために用意されたようなものです。猫本来の運動性は室内では発揮できるチャンスはありません。猫はジャンプさせなくてはいけません。おもちゃを使ってジャンプさせること、キャットタワーを登ったり降りたりさせることも、一日に数回はさせたいものです。階段は猫の良い運動場です。動きたがらない猫でも無理なく運動できます。

猫は本来ネズミをとって食べる生き物です。俊敏なネズミの動きを上回る俊敏さがあるはずの動物です。運動性には優れた猫が運動不足というのはそれだけで病的な状態になってしまうでしょう。室内は猫にとって安

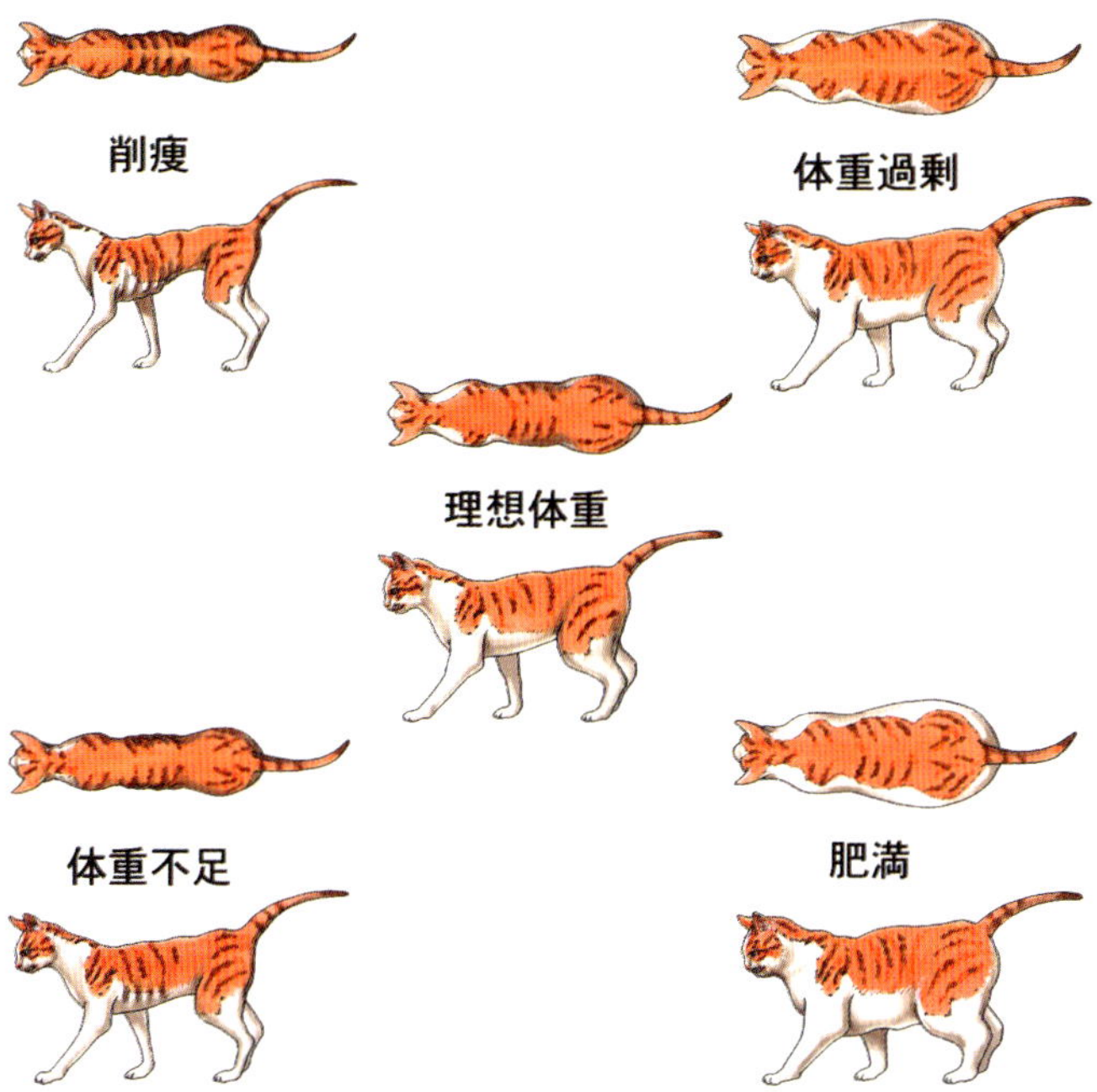

写真で見る病気

兄弟猫

兄弟で飼っていると、じゃれ合って運動不足には効果的ですが、競い合って食べるため、過食になることがあります。

心できる場所である反面、運動不足という現代病を作ってしまうことになってしまったのかもしれません。

肥満に重要な役割を果たす因子

レプチンは脂肪組織が生成するホルモンで、脳幹に働いて食欲を抑えさせます。脂肪が溜まるとレプチンが血液の中に多くなり脳に対してもう食べなくても良いという命令を出すのです。

カルニチンは、エネルギー利用を増加させ、その結果脂肪を燃やし体重が減少します。

肥満は感染症にたいする抵抗性を下げると考えられています。また、手術時の麻酔のリスク、手術自体のリスクも増加させます。

妊《にん》娠《しん》

妊娠期間は通常64から67日とされています。妊娠一か月位では、はっきりとした特徴はなく、飼い主は少し太ったかもしれないと思う程度の変化です。一ヶ月過ぎた頃から、お腹が左右におおきく張り、乳首がややピンクがかってくるため妊娠の特徴がみられてきます。母猫は普段の倍近くフードを食べます。母猫には、栄養価の高い子猫用のフードなどを与えると良いでしょう。

腹《ふく》水《すい》

腹腔に腹水が貯留すると徐々に腹部が膨れてきます。触ると波動感があります。腹水は病的な状況で貯留してきます。

猫《ねこ》伝《でん》染《せん》性《せい》腹《ふく》膜《まく》炎《えん》(FIP)

年齢

一歳未満の猫でみられる腹水は、猫伝染性腹膜炎による可能性が高いと思われます。

■症状

腹水が貯まり始めの頃は、腹部の膨満もそれほど目立たず、まだ猫は食欲もあるので、気付きません。明らかな腹部膨満が見られる頃は、猫は食欲の不振や発熱、運動不耐性の状態になっています。背中の筋肉が落ちます。病気としては末期の状態です。

腹水の性状

腹水はドロドロとしています。黄色味をおびた、線維を多く含んだ液体です。

腹水の検査

腹水を病理的に診断すると、伝染性腹膜炎の特徴的な所見が見られます。

予後

予後不良です。

癌《がん》性《せい》の腹《ふく》水《すい》

年齢

老齢の猫。

老齢の猫の場合は癌性の腹水の可能性が高いと思われます。

▼原因

腸管の腺癌、腹腔に発生する癌、十二指腸、空腸、回腸、盲腸、結腸、直腸に発生する腫瘍などが原因となります。

■症状

食欲不振が見られます。嘔吐、下痢など消化器症状も見られま

す。

腹水の性状

炎症細胞を含む液体。出血があれば赤血球を含む液体です。

腹水の検査

腹水を病理的に診断すると、癌の特徴的な所見がみられる場合があります。

鬱《うっ》血《けつ》性《せい》心《しん》不《ふ》全《ぜん》

年齢

若齢から老齢の心不全の猫。

腹水の性状

漏出液。

■診断

心臓の評価を行います。

デルモイドシスト

猫の奇形腫の一種です。発生段階で、猫の体の中に、同腹の兄弟が育ってしまいます。兄弟と言っても完全な体ではなく皮膚や被毛、骨の一部など猫としての呈をなす物ではありません。ただ組織として生きてはいますので猫の成長とともに大きくなって行きます。物理的な圧迫はありますが猫の健康状態に異常はきたしません。成長とともに腹部の膨大が進みレントゲン検査などによりその存在を確認することが出来ます。デルモイドシストは馬では度々見られる奇形種ですが猫では大変珍しく数例の報告しかありません。診断できれば外科的に取り出すことで問題を解決することが出来ます。著者は一例だけデルモイドシストを診察した経験があります。大変奇妙な例ではありましたが診断と摘出手術をすることが出来ました。

写真で見る病気

子猫の哺乳

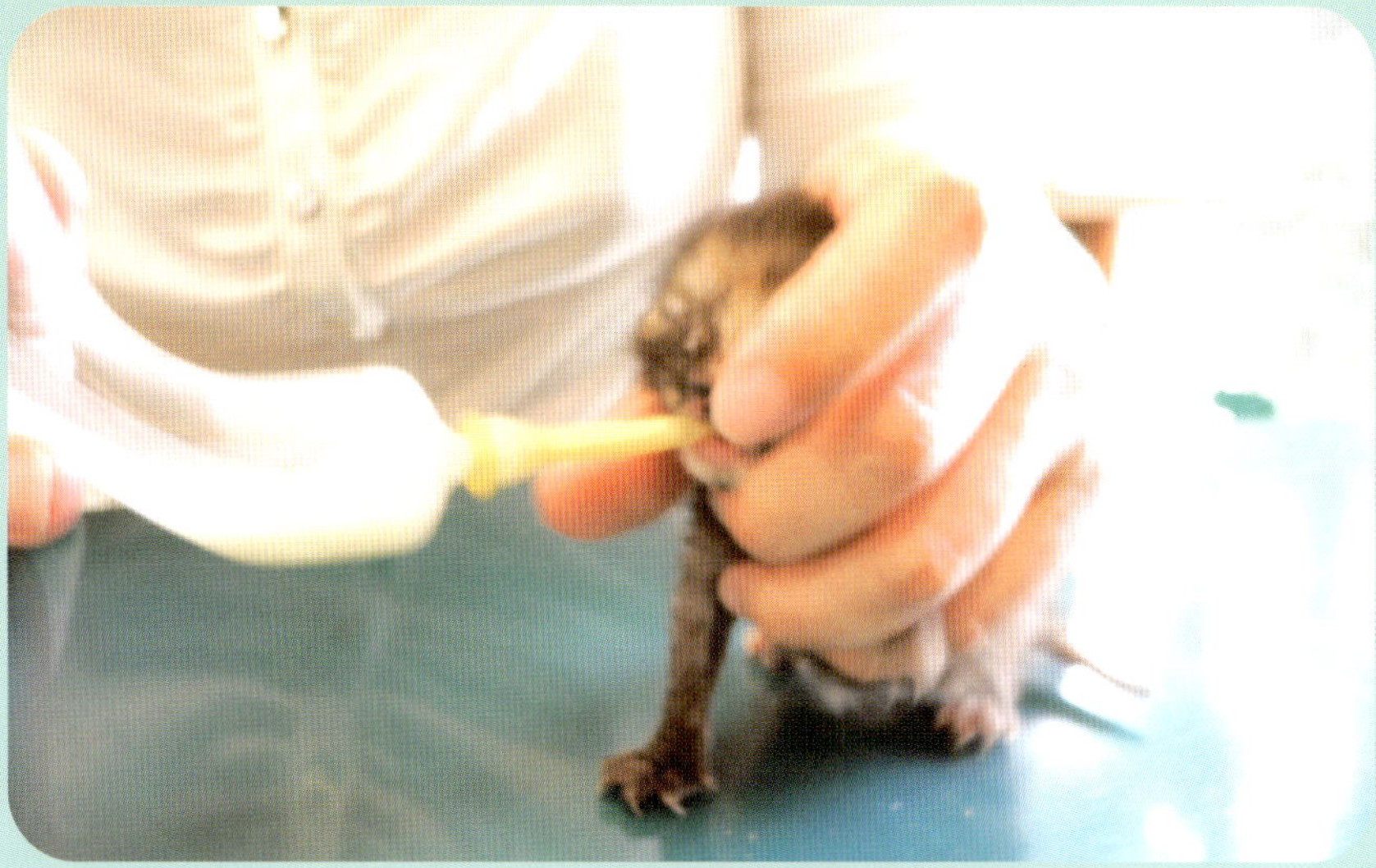

親のいない子猫には人工保育が必要となります。乳首の細い哺乳器が使いやすいようです。

体を触るといやがるから考えられる病気

●どこか具合の悪いとき猫は触られることを嫌います。

どこか具合の悪いとき猫は触られることを嫌います。触られるのを避けるために、部屋の角にもぐりこんで姿を隠したり、高いところへ登ったまま降りてこないこともあるでしょう（普段から触られることを嫌がる猫は、判断できません）。何の気なしに猫の痛い部分を触ってしまい、いつもは穏やかな猫に、かみつかれてしまう事もあります。

突然かみつかれた飼い主はショックを受けますが、猫が相当痛がっていることを理解してあげましょう。

外出する猫

外に出て行く猫は、アクシデントにあうことが多くあります。事故もその一つです。猫の背の高さは、車の車体よりずっと低く、猫の視界では走ってくる車をとらえることは非常に難しいのでしょう。また、猫は自分のテリトリーを車道など関係なく広げていきますから、テリトリーの中に車の通り道があっても、そこを行ったり来たりしている間に事故に遭う確率は高くなっていくでしょう。また、自転車やバイクに引っかけられてしまうこともよくあります。車の入れない細い路地にもバイクは走行しています。命の助かった猫は、四肢の骨折、尾の骨折、骨盤の骨折など、衝撃のあった部位の骨が折れます。

猫同士のケンカ

雄ネコの同士のテリトリー争いは、たびたびケンカに発展します。猫の咬み傷や引っ掻き傷は、傷を負った直後は被毛がごっそりと抜け落ちないかぎり目立たないことがあります。

数日たって、傷が膿《う》んでくると患部は痛み出します。

高層住宅からの落下

ベランダの柵に飛び乗った猫が、猫を抱き寄せようと近寄った飼い主に驚いて落下してしまった例があります。窓枠にいた猫が飛んでいる虫に気をとられて落下してしまう事故もあります。運良く命が助かった猫は、四肢の骨折、胸骨の骨折など、衝撃の受けた部分に骨折があります。

雄ネコの排尿障害は、膀胱の膨満で、飼い主が触ろうとすると威嚇しながら嫌がります。

猫が体を触られることを嫌がるとき、体のどこかに異常が感じられるときが多いものです。

痛み不快、不安を回避している猫の行動としては以下の点を参考にしましょう。

●不安げに鳴いている。

体を触るといやがる

■長毛で毛玉の出来ている猫

- ●部屋の隅っこに行きたがる。
- ●いつもは暖かい部屋にいる猫が冷たい所にうずくまっている。
- ●箱座りをしたまま動かない。
- ●興奮しているよう。
- ●沈鬱にみえる。
- ●食欲がない。
- ●発熱している。
- ●元気がない。
- ●目に力がない。
- ●体のある部分を舐めようとして、びくっとして止めている。
- ●被毛がぬれている。
- ●被毛がごそっとぬけている。
- ●体が汚れている。
- ●トイレで悲鳴をあげた。
- ●トイレにふんばっているか何も出てこない。
- ●便秘をおこしているような排便姿勢をとっている。
- ●トイレで嘔吐した。

長毛《ちょうもう》で毛玉《けだま》の出来《でき》ている猫《ねこ》

猫はセルフグルーミングの出来る動物ですが、長毛の猫は自分自身で毛繕いはできません。頭の先から、お尻にかけて、またワキから腹部、全身を人間がブラシをしてあげる必要があります。ブラシをかけられることを好む猫であれば、長毛の猫の被毛になにも問題はないのですが、ブラシをされることを嫌う猫の場合、事は重大です。被毛は毎日ぬけ落ちます。その抜けた毛が被毛に絡まってゆきます。これが毛玉になります。毛玉も最初のうちはブラシをすればほどけるほどの大きさです。しかし、時間がたてばたつほど、毛玉は大きくなってきます。大きくなった毛玉によって、皮膚

イラストで見る病気

アプセス（皮下膿瘍）

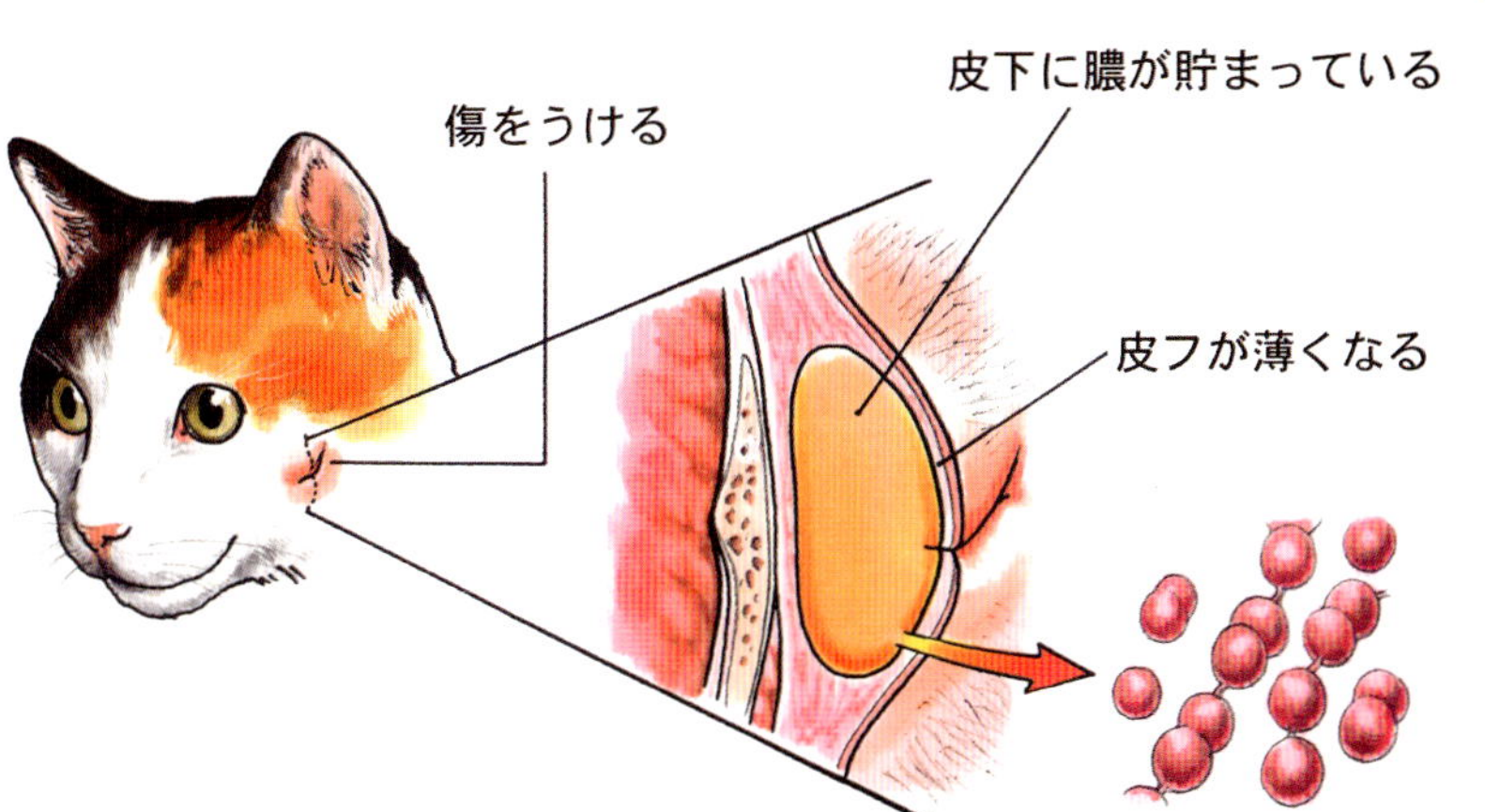

猫どうしのケンカにより、咬傷を負うと、猫の口の中にいる菌のパズルラが傷口から皮膚に入り、皮下組織に入り込んでいまいます。

体を触るといやがるから考えられる病気

- パスツレラ症
- ビタミンE欠乏症（脂肪織炎）
- 火傷

がつれてきます。皮膚がつれるというのは、常に髪の毛が引っぱられているような状態です。猫自身も皮膚がつれるのが痛いので動くのを嫌がります。なるべく痛くないような動きをして、痛みから逃れようとします。当然、人間が触ったり、抱いたりすることは嫌がります。

ケアー

長毛の猫はブラッシングを嫌がらせないようにすることが肝心です。短毛の猫もそうですが、ブラシは一度に全身をしようと思ってはいけません。猫もある程度の時間はブラシをさせてくれます。しかししつこくすることは好みません。何回かに分けて行いましょう。

毛玉が出来てしまった場合

ブラシでときほぐすのは、痛みもあって猫には負担です。猫の皮膚を切らないように気をつけて安全なハサミで切ってしまいましょう。

パットの毛

長毛の猫はパットの間の毛を切ってあげる必要があります。

パスツレラ症《しょう》

パスツレラは通性嫌気性菌で、皮下組織に膿瘍（アプセス）をつくります。去勢していないオス猫はケンカをすることで、四肢、顔に皮膚膿瘍をつくります。疼痛があり、患部を触ると痛がります。

◉治療

もし、ケンカの直後に飼い主が気付いたなら、病院で抗生物質の注射をうけるとその後に患部が化膿するリスクを減らすことができるかもしれません。アプセスになっている場合は、排膿と抗生物質の投与を行います。

ビタミンE欠乏症《けつぼうしょう》（脂肪織炎《しぼうしょくえん》）

ほとんど魚を主食としていて、ビタミンEを与えられていない猫にはビタミンE欠乏症が起こります。まぐろが一番の原因と考えられます。脂肪織炎は脂肪組織に炎症が起こる状態です。知覚過敏の症状があらわれ、体全体に痛みを感じるのか触ったり抱いたりするのを極端に嫌がります。

◉治療

診断は脂肪組織の組織検査です。治療はビタミンEの投与とバランスの良い良質なフードを与えることです。

火傷《やけど》

しっぽがストーブにふれてしまうとか、カップを倒し熱湯がかかってしまうなど、ガスレンジに飛び乗ってしまうなどで火傷をしてその部分に痛みを感じると、猫はどこかへ逃げてしまって飼い主に体を触らせてくれません。火傷をした事実があって、猫が体を触るのを嫌がるようであれば、タオルなどで猫をくるみ、病院へ連れて行き診察をうけましょう。

骨折《こっせつ》

骨折部は開放骨折の場合は、筋肉が避けて、骨が見えることもあるので分かりやすいのですが、外からは見えない骨折は、猫がその骨折部に負担をかけないようにじっとしていますから、すぐには分からないこともあります。じっとしていることは、事故のショック状態から立ち直るには必要です。

●治療

全身症状の安定を確認するのが重要です。事故の場合内臓のダメージを受けていれば、その治療が最優先です。脳に障害があれば、事故直後は命をとりとめたものの、予後不良となります。骨折は整形手術ですから、事故直後ではなく、猫の状態が安定したことを確認して行います。

尿道閉鎖《にょうどうへいさ》

雄ネコの尿道が詰まってしまうため、尿の出ない状態は、命にかかわる緊急な事態です。飼い主は様子を見ている時間はありません。すぐに病院へ行き、尿道閉鎖の解除の処置を受けなくてはいけません。

●治療

尿道解除の処置をうけます。尿道閉鎖をおこした時間から解除を行った時間によって予後にちがいがあります。術中に死亡するリスクもあります。尿道閉鎖をおこした原因を治療することが大切です。尿中の環境が変化なければ、再発する可能性が高い病気です。

写真で見る病気

リン酸マグネシウム結晶

リン酸マグネシウムの結晶です。小さな結晶はこのままでは栓塞しませんが、細胞成分を含むと結合してペニスの先に詰まることがあります。

体にしこりがあるから考えられる病気

●被毛の様子に気をつける 体をよく触る 皮膚の状態をよく知る

　猫はセルフグルーミングが出来る動物ですから、気がつけば体のどこかを舐めているものです。しかしそれでも飼い主がブラッシングをしてあげることはとても大切です。ブラッシングすることで被毛の様子や、ふけの出方、皮膚の状態を知る機会にもなります。一日少なくとも1回はしてあげるとよいでしょう。猫が嫌がらないよう、猫にとってきもちのよい状態で行えば猫との良いコミュニケーションとなります。

　毛の長い猫は、その不自然な毛の長さから、自分自信で完全なグルーミングをすることはできません。特に脇の下からお腹、下腹部にかけてはブラッシングをしなければ、抜け落ちた毛が絡まり合って毛玉ができてしまいます。毛玉ができてしまうと、毛が引っぱられたような突っ張った痛みを感じて、猫はその部分を触らせないようになります。長毛の猫は毎日ブラシをかけ、毛玉を作らないようにお世話することが必要です。それに加え定期的なシャンプーは猫の被毛を衛生的にし、飼い主が猫の体をじっくりさわれる良いチャンスでもあります。

　体のしこりは、飼い主が猫の体を触っていて気づくものです。体表のしこりも小豆大位であれば、さわっていて気付くことの出来る大きさでしょう。しこりは体の場所を特に限定せずにできるものですが、しこりに気付いたら獣医師に相談します。そして炎症性ではなく外科的に取れるものなら出来るだけ小さなうちに取ってしまうのが基本です。猫のしこりが腫瘍性のものであれば、悪性か良性かを病理検査で知ることが出来るとともに、もし悪性であっても早期に取り去ることで転移の危険度を下げることが出来ます。ですから、早めの外科的切除が猫にとっては有効なのです。

　ワクチン接種後にその接種部位に一ヶ月ほどしてしこりができることがあります。通常はその後一ヶ月位でなくなります。飼い主は自分の猫が受けたワクチン接種の部位を記録しておくとよいでしょう。

　メス猫の場合は乳腺にしこりができることがあります。体を良く触っていれば解りやすいものです。しかし長毛種で毛玉だらけであれば猫が触らせるのを嫌がる上に物理的にもさわることが出来ません。獣医師であっても毛玉の上からでは触診はできません。乳腺の腫瘍は時間がたつほど大きくなり、転移の危険性が増していきます。

視診をお家でしましょう。

　猫はお腹を仰向けにして寝ることがあります。このような状

態の時、猫の胸から腹部にかけてよく観察してみましょう。

●乳首がみえて、その周辺の皮膚はどこか隆起しているようになっていないか。

●結節のようなものは出来ていないか。

●色素沈着している場所はないか。

何か異変に気付いたら、獣医師の診察をうけましょう。

ワクチン肉腫《にくしゅ》

ワクチンの注射部位である、肩甲骨の間、頸背部、側腹部、腰部付近、大腿部の皮下などに軟部組織肉腫の発生が見られます。ワクチンの一般的に行われる皮下注射が原因で、その接種部位に肉腫が発生することから、注射部肉腫、ワクチン関連肉腫と呼ばれています。若齢の猫で多く認められ、中年齢の猫にも見られます。これら発生する腫瘍の中で、発生の最も多いのが線維肉腫です。また骨肉腫、悪性線維性組織球腫、巨細胞腫、横紋筋肉腫、平滑筋肉腫、軟骨肉腫、脂肪肉腫なども報告されています。

注射部肉腫はワクチン接種後の、数ヶ月から、数年後に発生することがあります。また、注射部肉腫はワクチン以外に、抗生物質の注射部位、ステロイド注射部位など、注射した部位に薬剤が入ることで肉腫が引き起こされるようです。

肉腫を引き起こす原因として推察されているものに、ワクチンに使われるアジュバントが発ガンへとつながる炎症性変化を引き起こすのではないかという考え方です。また、宿主側の問

写真で見る病気

乳腺腫瘍良性

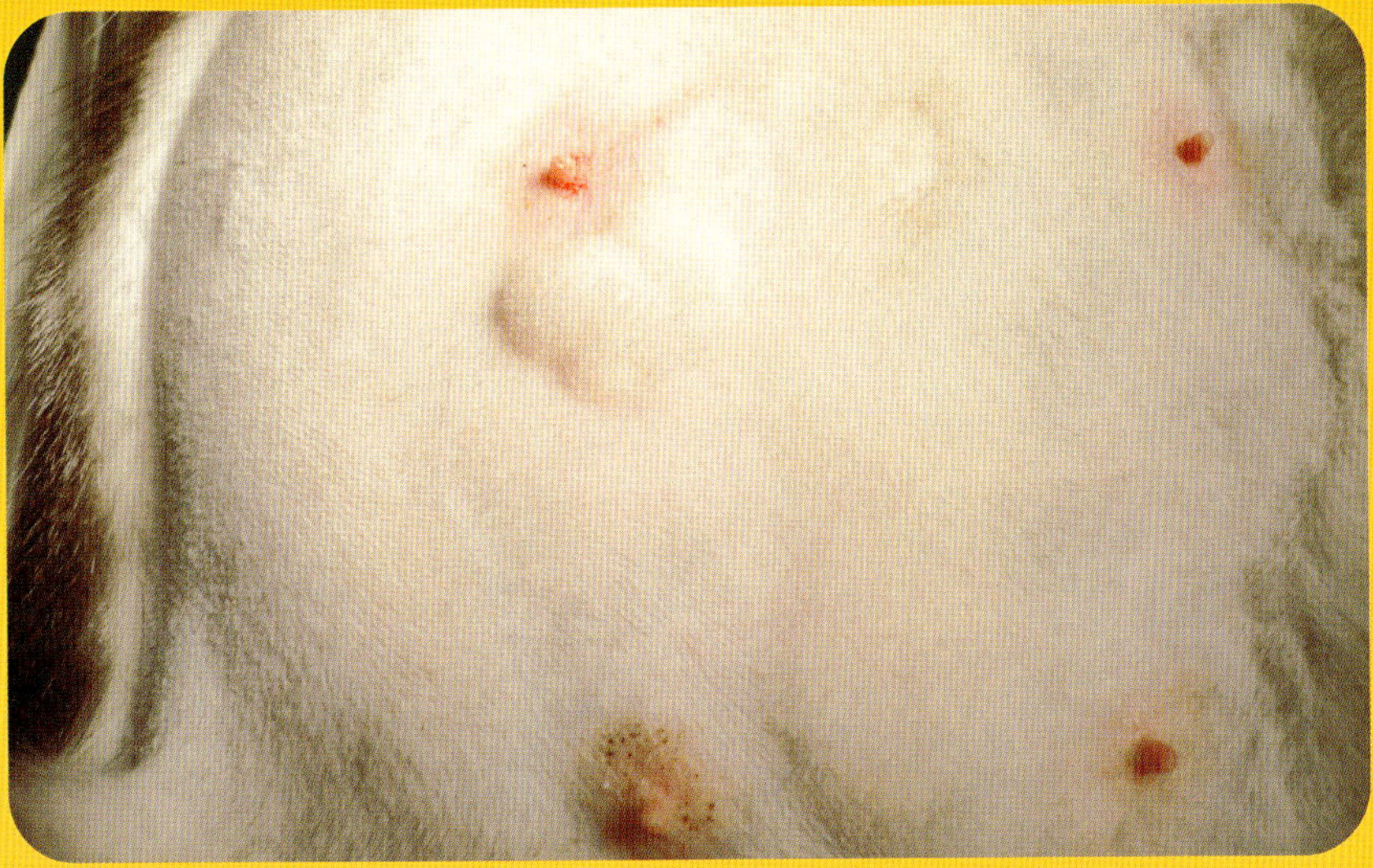

良性だった乳腺腫瘍の写真です。摘出後問題はありませんでした。

題として、猫免疫不全ウイルス感染症（猫のエイズ）や猫白血病ウイルス感染症に罹患している場合のリスクなど、様々な原因が考えられています。

◉治療

外科的処置を行うことが一般的です。

乳腺腫瘍《にゅうせんしゅよう》

乳腺腫瘍のほとんどはメス猫に発生します。避妊手術をしていないメス猫は、している猫に比べると、乳腺腫瘍の発生率が7～8倍とのデータがあります。

高齢の猫は乳腺癌の発生率が高くなり、その75～80パーセントは悪性です。

◉治療

腫瘍の部分の外科的な切除手術を行います。乳腺腫瘍は転移が高い腫瘍ですから、手術にあたっては胸部を含むレントゲン検査を行い、肺への転移や胸水の有無を確認します。切除した病変は病理検査を行い、その腫瘍の悪性度を診断します。

予後は腫瘍の切除時期、腫瘍の種類によって様々です。

良性基底細胞腫《りょうせいきていさいぼうしゅ》

皮膚の基底上皮に発生する色素沈着性の皮膚腫瘍です。多くは高齢の猫に発生します。頭部や体幹に硬い皮膚腫瘤としてみられます。基底細胞腫は表皮、毛包、汗腺、脂腺の基底細胞に由来します。

◉治療

良性の腫瘍は外科的治療で治癒します。

悪性基底細胞腫《あくせいきていさいぼうしゅ》

頭頸部に発生することが多い、色素沈着の見られない、浸潤性の硬い腫瘍です。

転移する悪性の腫瘍です。

◉治療

外科的切除を行います。

メラノーマ

皮膚のメラノーマは老齢の猫に見られることが多い、悪性度の高い皮膚の癌です。皮膚のメラノーマは黒い色調を示します。結節状、乳頭様と様々な病変として認められます。急に腫瘍が大きくなることもあります。

頭部、耳介、耳の基部に発生しやすい腫瘍です。

◉治療

外科的切除を行います。

乳腺炎《にゅうせんえん》

メス猫の乳腺炎は普通、妊娠時と授乳時におこります。また、性成熟期にも見られることがあります。

▼原因

乳頭からブドウ球菌、レンサ球菌、大腸菌が侵入し、これらの細菌で感染した乳腺は腫大、発赤し熱を持ちます。

◉治療

細菌感染の治療に準じて行います。抗生物質を投与します。

ワイナーの毛孔拡《もうこうかく》張《ちょう》と毛包上皮腫《もうほうじょうひしゅ》

病変は頭部か頸部で見られます。腫瘍は早期には盛り上がり、その後噴火し、火口様の病変が残ります。痒みや、疼痛は認められないようです。若齢から老齢の猫に発生します。

治療

外科手術を行います。

脂《し》肪《ぼう》腫《しゅ》

良性の脂肪の腫瘍は全年齢に発生を認めます。腫瘍の多くは孤立性ですが、多発性も見られます。体幹の胸部か腹部、四肢に発生が見られます。

治療

外科的切除で治療します。

アポクリン腺《せん》腫《しゅ》

頭部、背部に孤立性の病変として見られます。病変は波動感がある場合があります。直径は1・5ミリに満たない程度の大きさです。この腫瘍は、乳頭状汗腺腫とも言われます。

治療

外科的切除で治癒を期待できます。

アポクリン腺《せん》癌《がん》

頭部、四肢に発生が多く見られます。平均して2・4ミリ位の大きさで、良性の腫瘍よりも大きくなる傾向があります。また、潰瘍化することがあります。耳介、臀部、大腿等にも認められます。腹部では乳腺腫瘍と似たような腫瘍として見られます。

治療

外科的切除が第1の選択です。

写真で見る病気

乳腺腫瘍悪性

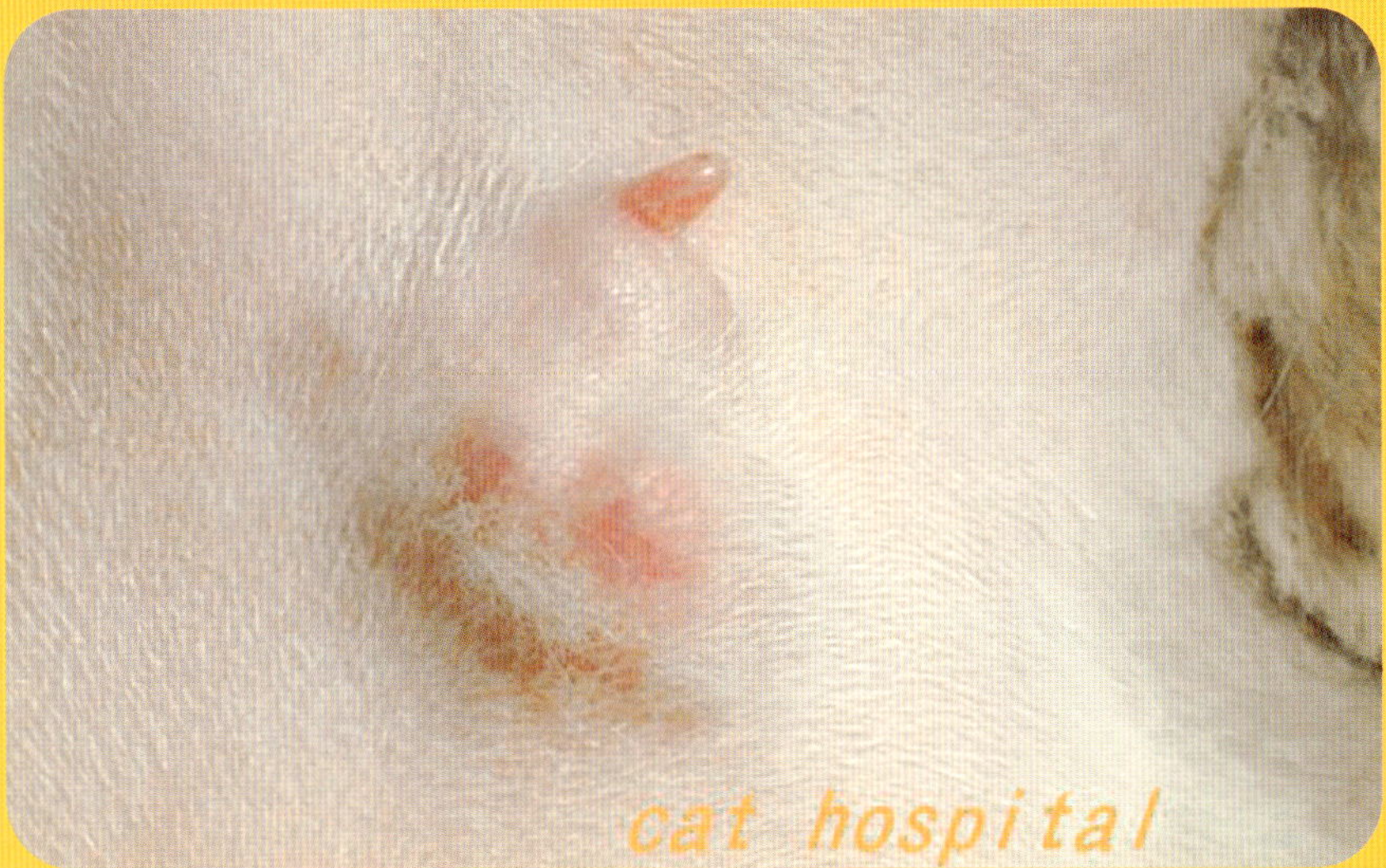

悪性の乳腺腫瘍の写真です。三ヶ月後転移が見られました。

歩行が困難から考えられる病気

歩行が困難な状態を呈する原因は多岐にわたります。そこで、歩行以外にも目を向けてその原因を探していきましょう。

■骨折

足のどこかをかばって歩けば破行が見られます。足を骨折している場合はその患部をかばうように、関節を痛めてしまった場合も同様です。猫は一本の足が障害されても三本の足でうまくバランスをとりますから、早足で歩くと、どの足が痛いのかわからないときがあります。指先が内側に丸まったようになる、ナックリングしていれば神経の麻痺が起こっている証拠です。正常な歩行はできません。

外傷によるショック症状

事故や高所からの外傷をうけ、重度の損傷を負った場合は運動障害だけには止まりません。激しい出血がおきれば急激な血圧の低下が起こり、ショック症状に陥ることがあります。口腔粘膜は白くなり、脈拍が弱まります。ショック症状に陥った場合は、緊急に処置を行う必要があります。

全身症状の急激な悪化と時に悲鳴を伴う後肢のマヒは、命にかかわる重篤な事態です。

被毛の長い猫が、パットの間から生えている毛が、パットの役目を阻害していることで、足をすべらすことがあります。

活発に走り回る子猫は、絨毯に爪をひっかけてしまうことが度々あります。また、遊んでいて興奮し、腕を何かに巻き付けてしまい、パニックになって自分の肩の関節を痛めてしまうこともあります。このばあいも破行します。歩行が困難な状態を呈する原因は多岐にわたります。そこで、歩行以外にも目を向けてその原因を探していきましょう。

- 猫の歩行の異常は、急激におこったのか。
- 慢性的に変化がおこってきたか。
- 全身症状は悪いか。
- 元気はあるか。
- 食欲はあるか。
- ショック症状があるか。
- がっかりした様子か。
- 既往症はあるか。
- 食べているものに特徴があるか。
- 外に出ているか。
- ケンカをしたか。
- 食欲がなくなってきているか。
- 眼しんとうがあるか。
- 痩せてきているか。

では、考えられる原因についてあげてみます。

骨折《こっせつ》

四肢の骨折や骨盤骨折もしくは脊髄の損傷をおこしている。

●治療

整復手術、脊髄の損傷の治療

はできません。

外《がい》傷《しょう》

怪我、外傷をおうことで、筋肉の損傷、皮膚の障害で痛みを感じます。

動《どう》脈《みゃく》血《けっ》栓《せん》症《しょう》

急性の後肢不全マヒに伴う激痛を伴う症状が特徴の、突然の血流傷害です。

猫は悲鳴をあげるときもあります。吐き気がみられるときもあります。猫を診察すると、大腿動脈拍動の減少か消失、足の冷感、血液を採血できない、感覚喪失、がみられます。

心筋症などの既往症の評価が必要です。

チアミン(ビタミンB1)欠《けつ》乏《ぼう》症《しょう》

チアミンは水溶性ビタミンです。生魚を主食とした猫に高率に見られます。

運動失調があらわれ、歩行運動失調、旋回運動がみられることがあります。

◉**治療**

チアミンを投与します。

低《てい》カリウム血《けっ》症《しょう》

低カリウム血症を呈した猫は頭を上げていることが出来ず、うなだれたように頸が下がってしまいます。よろよろとふらつきのある歩行が見られます。猫の腎機能傷害では、尿中にカリウム排泄量が増加し、血中のカ

写真で見る病気

後肢の骨折

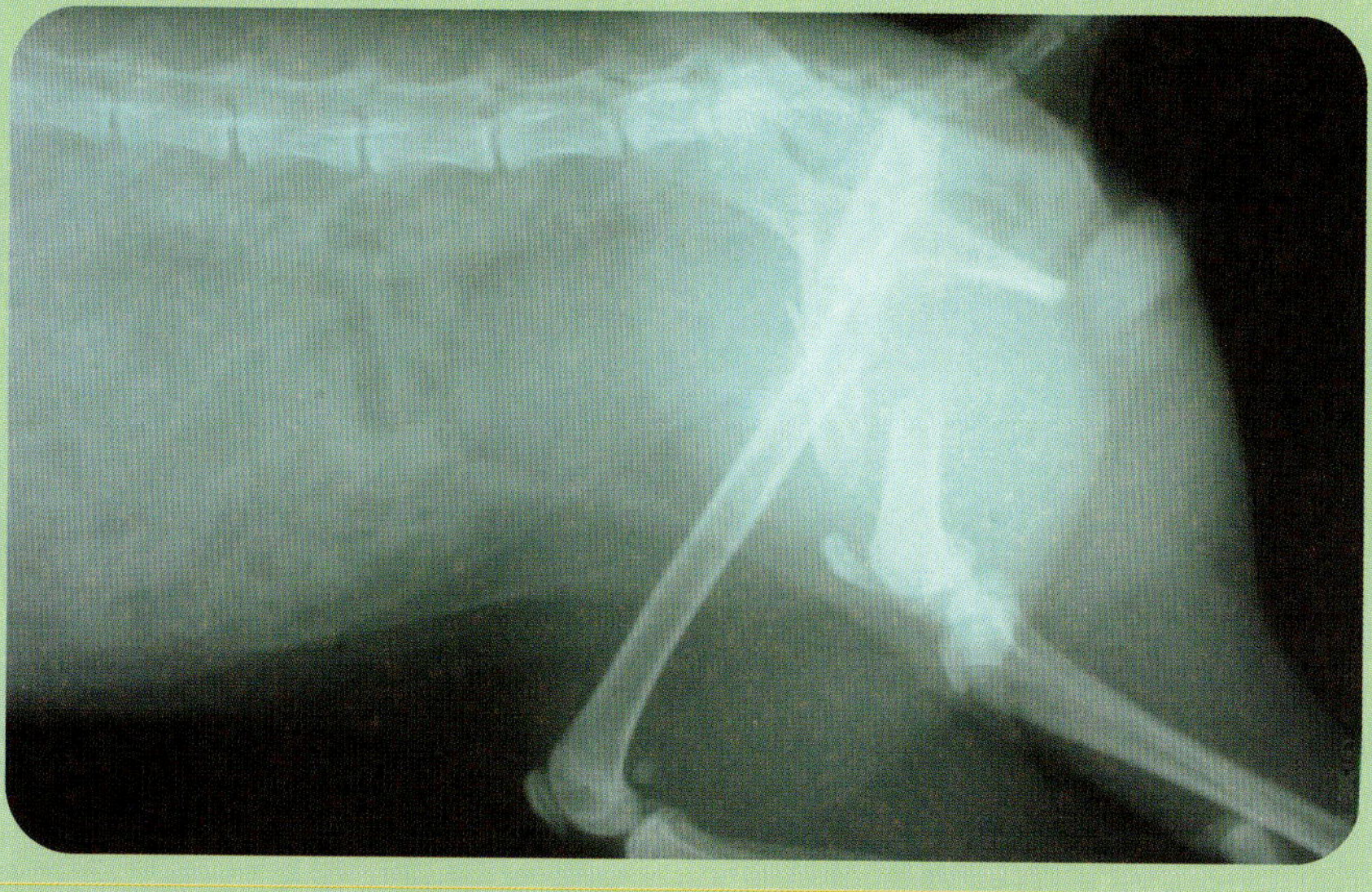

交通事故による後肢、大腿骨の骨折のレントゲン写真です。

リウム量が減少してしまいます。

●治療

カリウムを投与します。

被毛の長い猫のパットの間に生える毛

パットの間に毛がはえると、パットが覆われてしまい、猫が長い被毛のスリッパを履いているのと同じ事になります。走ったり、飛んだりすることで滑ってしまい足を痛めることもあり、足を痛めた経験から運動そのものを嫌がる傾向になります。

▼予防

パットの間の毛は短く切り、パットが地面にきちんとつくような状態に常にすることです。

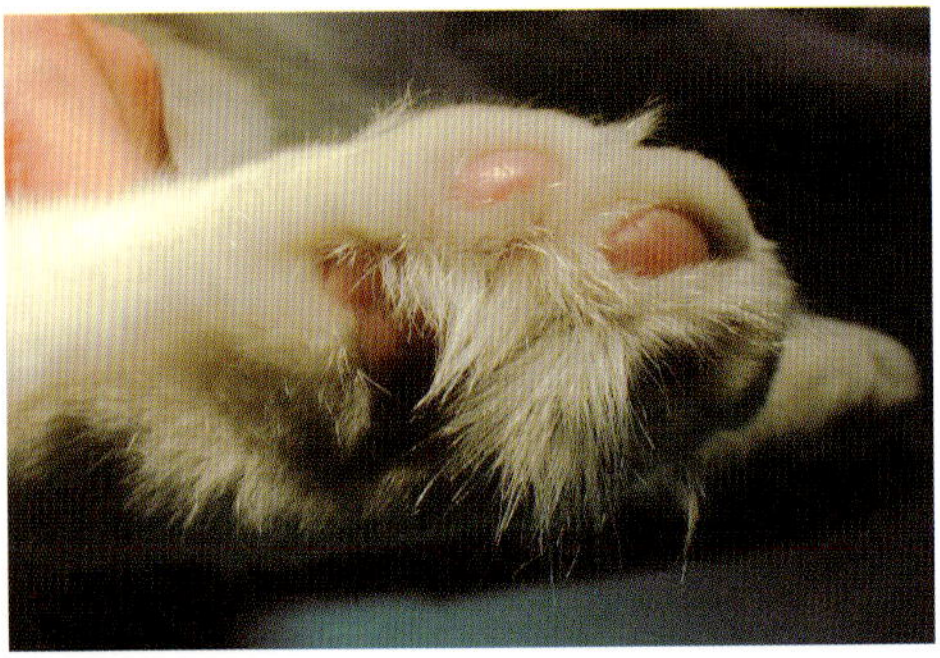

長毛猫の足の裏。

足の裏の毛が長くならないように注意します。

肺《はい》ガン

肺の腫瘍が指に転移して指の腫脹、爪の周囲が炎症をおこして痛みを伴う病変をつくります。破行が認められます。

指《ゆび》の癌《がん》

指に、腺癌や軟部組織肉腫に侵されると、その部分に壊死、潰瘍が形成されます。痛みを引きおこします。

骨肉腫《こつにくしゅ》

後肢、頭蓋に起こりやすい肉腫です。老齢の猫に発生が多く報告されています。慢性的な破行を呈し、突然に破行が悪化します。腫瘍の部分に骨折を起こすことがあります。

●治療

外科的に手術を行います。

肥大性骨症《ひだいせいこつしょう》

肥厚した肢、腫れた肢が見られます。骨膜の増殖がおこり、肥厚していきます。

●治療

外科的に手術を行います。

肉球《にくきゅう》に爪《つめ》が食《く》い込《こ》む

老齢の猫は、爪が肉球に刺さってしまうことがあります。その痛みから脚をつけません。

▼予防

老齢の猫は自分で爪の手入れ

が出来なくなってきます。飼い主が爪を定期的に切ってあげてください。

爪《つめ》をケガする

ループ状の絨毯に爪をひっかけてしまい爪をおることがあります。出血もおこりますが、神経の障害により、猫は痛みで脚を地面になるべく付けないように歩きます。

中枢《ちゅうすう》神経《しんけい》障害《しょうがい》

中枢の運動神経に障害がおこると運動機能が障害されます。

内耳炎《ないじえん》

内耳の平衡感覚を司る器官が冒されると、運動障害や回転運動が起こります。

軟骨《なんこつ》の形成不全症《けいせいふぜんしょう》

耳折れとも呼ばれるスコテッシュフォールドは、遺伝的な軟骨形成不全により、耳が正常な形態をとどめることができません。人間でも発生するこの病気は残念ながら治療方法はありません。軟骨の形成不全は、耳だけに限らず、四肢の軟骨、気管軟骨にもその障害が及びます。軟骨は、骨と骨との間のクッションのような役目をしますが、軟骨形成不全ではそのクッションが役にたちません。猫は痛みから歩くことをさけるようになり、歩くときはまるでロボットのような歩き方をします。

写真で見る病気

事故による股関節の脱臼

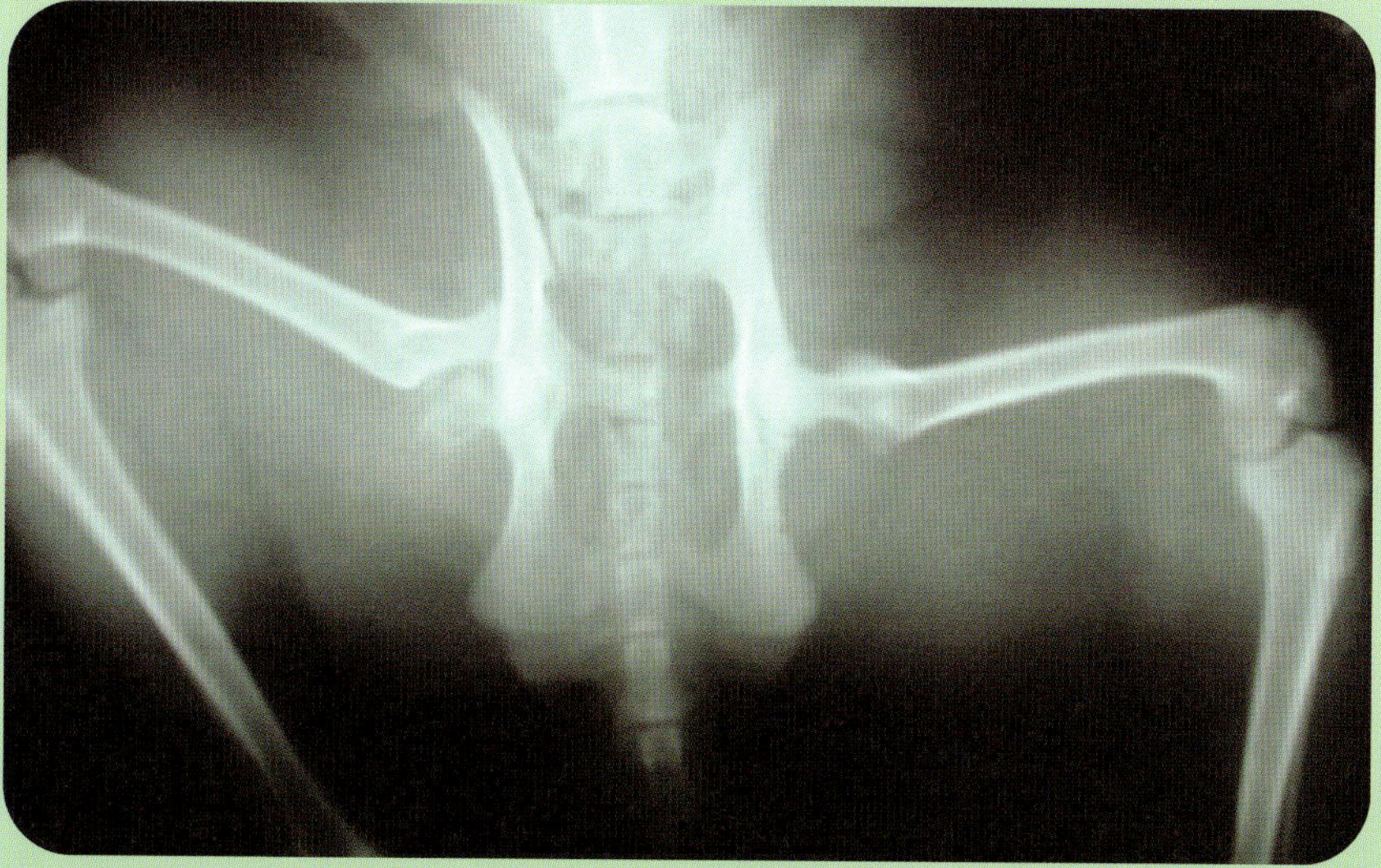

交通事故により股関節がはずれてしまった猫のレントゲン写真です。

耳をしきりに掻くから考えられる病気

●耳を掻くときは外側を掻く
耳の後ろの毛が抜けてると要注意

■中耳炎の兆候
■内耳炎の兆候

　猫が耳をかく場合は、耳の穴の中をかくというよりは、耳の外側を掻きます。普段でも急に耳を掻く仕草をみることはありますが、耳が痒いときは相当執拗に耳の後ろを掻くために耳の後ろの毛が抜けてしまうことがあります。また、もっとひどくなれば皮膚を傷つけるまで掻き続け、患部から出血することもあります。

　また耳が痒いときに、首をふることもあります。

普通の耳の状態

　猫の耳は耳介　耳介軟骨　垂直耳道、水平耳道からなります。ネコの耳は頭の上にありますから、丁度L字型をしています。耳介と耳道の開口部は目でみることができますが、垂直耳道、水平耳道は、耳を検査する機器の耳鏡で確認します。

　正常な耳であっても茶色っぽい色をした脂が分泌されます。その脂は自然に耳道の開口部に出てきます。ですから、耳介と耳道開口部を脱脂いてあげれば、うっすらと茶色の汚れがつきます。

耳の異常がある場合の観察できる状態

●耳の中からこげ茶～黒い乾いた耳垢が出ている。
●耳の中から茶色のねっとりした耳垢が出ている。
●耳介に膿瘍がある。
●耳介の先端部に肉が腫様の腫れができる。
●耳介の内側がはれる。
●耳介が折れ曲がる。
●耳の付け根の辺りを押すとクチュクチュと水のような音がする。
●頭を振る。
●頸を傾げる。
●眼球振とうがみられる。
●耳をさわると痛がる。

中《ちゅう》耳《じ》炎《えん》の兆《ちょう》候《こう》

　頭を振る、耳の穴にあたるように足先を入れて掻く、首をかしげる斜頸がみられます。顔面神経が侵されると、唇の麻痺、眼瞼反射が鈍くなることがあります。交感神経が侵されると、ホルネル症候群（交感神経支配の喪失に起因する障害）の第三眼瞼（瞬膜）の突出などを生じることがあります。

内《ない》耳《じ》炎《えん》の兆《ちょう》候《こう》

　頭をおおきくふります。悪い方の耳へ首を傾げます。運動失調がみられることもあります。

耳をしきりに掻く

- 耳の中の異物
- 耳ダニ
- 外傷
- 耳介の裂傷、欠損
- 細菌性外耳炎

耳《みみ》の中《なか》の異物《いぶつ》

耳の中に異物が入ると、猫は耳を気にします。

耳《みみ》ダニ

ミミヒゼンダニの感染による外耳炎です。

▼診断

顕微鏡でミミヒゼンダニを確認できます。

◉治療

寄生虫駆虫薬。

外傷《がいしょう》

猫のケンカによる引っ掻き傷が原因で膿瘍をおこします。猫は発熱し、患部の痛みのため耳を触られることを嫌います。猫の傷の原因は、パスツレラです。

◉治療

化膿にたいする処置と抗生物質の投与です。

耳介《じかい》の裂傷《れっしょう》、欠損《けっそん》

猫のケンカや事故などで耳介の一部の欠損や裂傷がおこります。

◉治療

外科的手術を行います。

細菌性《さいきんせい》外耳炎《がいじえん》

▼原因菌となるのが

スタフィロコッカス、ストレプトコッカス、パスツレラ、マラセチア等があります。

写真で見る病気

蚊によるアレルギー

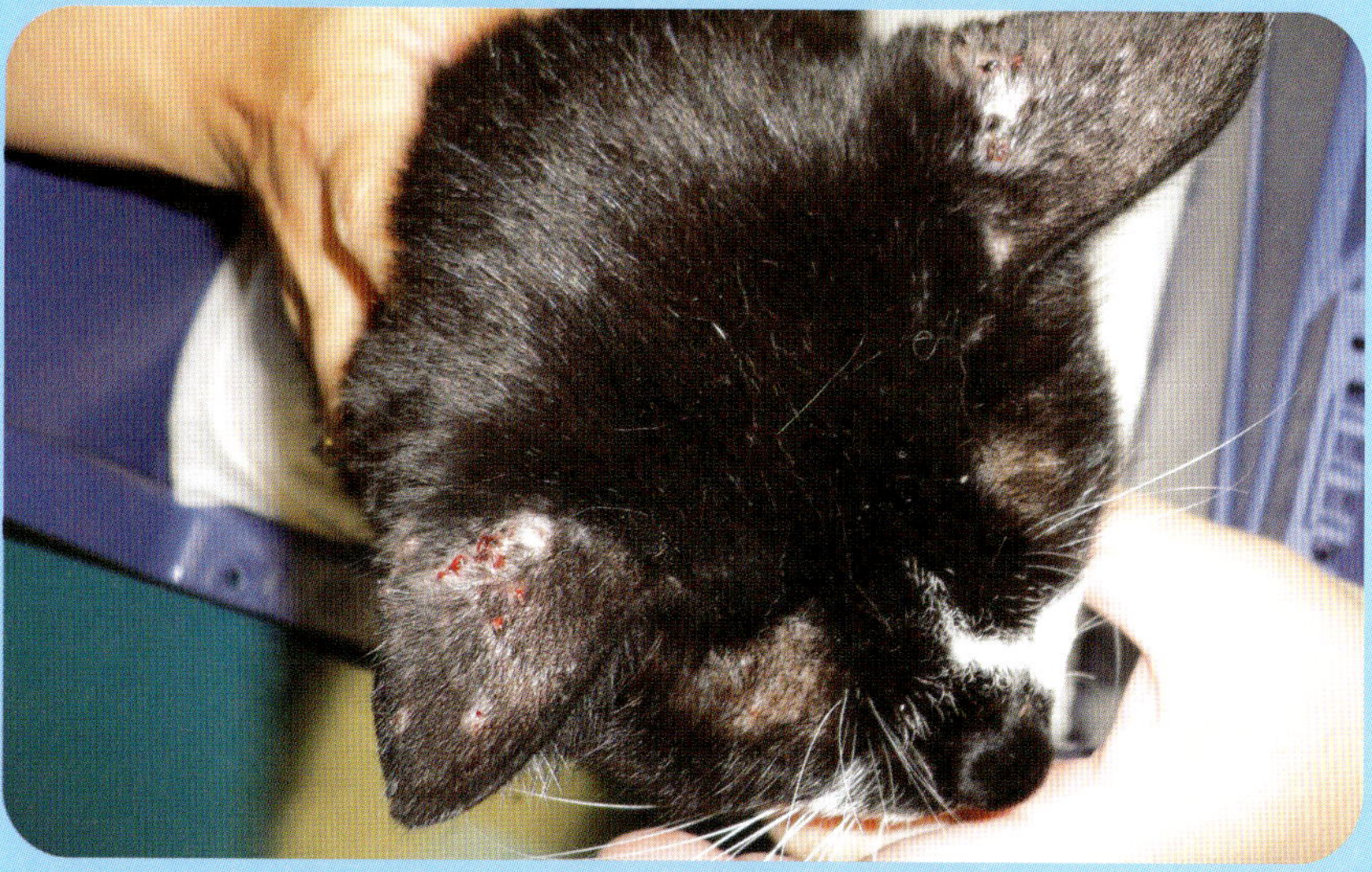

耳は毛が薄いため蚊に刺される機会が多い場所です。フィラリアの予防薬は食べさせやすいチュアブルとスポット（滴下）タイプがあります。この猫は、毎年夏になると蚊に刺されることにより、ひどい皮膚アレルギーを起こします。

耳をしきりに掻くから考えられる病気

シュードモナス感染性外耳炎
耳血腫
耳道の腫瘍
耳介先端部の扁平上皮癌
耳道のポリープ
中耳炎
鼓膜の異常
内耳炎

シュードモナス感《かん》染《せん》性《せい》外《がい》耳《じ》炎《えん》

化膿性外耳炎をおこす原因の一つには、シュードモナス（緑膿菌）があります。黄色から茶色の耳垢がでます。

基礎疾患として、猫白血病ウイルス感染、猫エイズウイルス感染、などに罹患している猫の場合は、外耳炎になりやすく、外耳炎になってしまうと治療をしても治りにくいことがしばしばあります。

●治療

抗生物質の投与をします。

耳《じ》血《けっ》腫《しゅ》

外耳炎に罹っている猫が、耳を掻いたり、頭をふったり、耳を物にこすりつけたりする衝撃による損傷の結果耳血腫がおきると考えられています。耳をさわっても痛がりません。

耳血腫が広範囲に及ぶと、耳介がたれさがることがあります。

耳《じ》介《かい》先《せん》端《たん》部《ぶ》の扁《へん》平《ぺい》上《じょう》皮《ひ》癌《がん》

両耳におこります。耳介の先端に肉が腫のような病変ができます。

●治療

外科的切除が行われます。

耳《じ》道《どう》の腫《しゅ》瘍《よう》

腫瘍は可能性外耳炎の原因となります。

●治療

腫瘍が認められれば外科的手術を行います。

耳《じ》道《どう》のポリープ

耳道内にポリープができると、耳道の炎症を引き起こします。

●治療

ポリープが認められれば外科的手術を行います。

鼓《こ》膜《まく》の異《い》常《じょう》

正常な鼓膜は透明感のある青っぽい膜としてみえます。病的な鼓膜は、透明感はなく、ぴんと張った様子もありません。鼓膜が波をうったようにみえるときもあります。

鼓膜が破れ、さんしゅつ液が認められることがあります。この時の猫はしきりに頸を振る様子がみられます。鼓膜への慢性刺激によって鼓膜が変性していきます。外耳炎や中耳炎は鼓膜に炎症を及ぼし、病変を作ります。

●治療

抗生物質の投与をおこないます。

中《ちゅう》耳《じ》炎《えん》

細菌感染による中耳炎が認められます。

●治療

抗生物質の投与をします。

内《ない》耳《じ》炎《えん》

耳をしきりに掻くから考えられる病気
白い猫の難聴
耳のケアーの仕方
猫ショウヒゼンダニ症

内耳炎は中耳炎からおこることもあります。運動の平衡感覚を司る前庭器官が障害されるため、眼球のしんとう、平衡感覚がうまくつかめず、きちんと歩くことができなくなることがあります。

白《しろ》い猫《ねこ》の難聴《なんちょう》

遺伝的疾患として、蝸牛の変性があります。被毛の白い猫にかんさつされる疾患です。難聴の猫は、正常な運動や行動ができ、気がつかないこともあります。

猫に気付かれないように、耳の後ろで音を立てても、気にする様子がない場合や、耳がぴくりとも動かないときは、難聴と判断とすることがあります。難聴の猫の耳道はきれいで鼓膜も正常です。

耳《みみ》のケアーの仕方《しかた》

脱脂綿などを指に巻き、耳の汚れをふいてあげましょう。

耳の穴の中に、綿棒を入れてはいけません。猫の耳の穴は細く、綿棒を入れることで耳道を傷つけてしまうことがあります。また、耳の脂は、自然に外へ出てくるようになっていますから、綿棒で汚れを押し込んでしまう事にもなります。

猫《ねこ》ショウヒゼンダニ症《しょう》

猫小穿孔ヒゼンダニが原因です。

イラストで見る体のしくみ

耳の構造

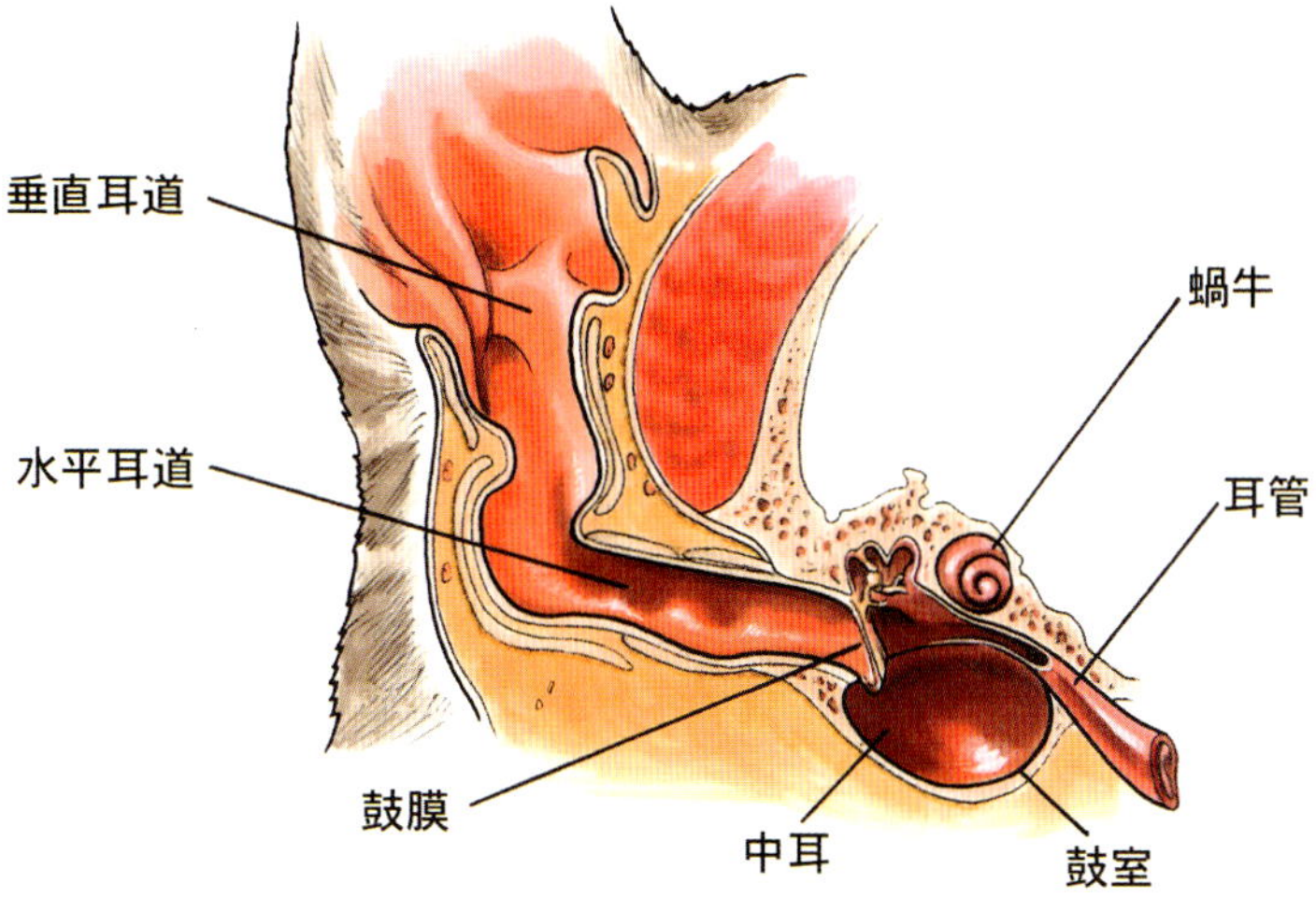

猫の耳は、いくつもの音を同時に聞いたり、人間が聞くことのできない高い音を聞くことができます。

目やにが出るから考えられる病気

●目やには結膜の炎症により出ます。

■結膜炎
■猫伝染性鼻気管炎
■クラミジア感染
■マイコプラズマ性結膜炎

目の変化の中で目やには一番気がつきやすいと思います。目やには結膜の炎症により出ます。結膜はまぶたの裏から白目までを覆う粘膜で細菌や異物から目を守っています。結膜の炎症が起きると猫は目をしきりに気にするようになります。前足で掻く仕草をすることから痒みを感じているのかもしれません。ひどい結膜炎ではまぶたが腫れて眼瞼が開かなくなることもあります。

結膜炎《けつまくえん》

原因には、ウイルス性、細菌性、クラミジアによるもの、又は猫同士の外傷性などが考えられます。目やにの色は、細菌感染を起こしているか否かを判断する材料となります。黄色の目やには白血球の死骸であり結膜に細菌が感染していることの証となります。

猫伝染性鼻気管炎《ねこでんせんせいびきかんえん》

ヘルペスウイルスによる伝染病です。ウイルスは、結膜や鼻の中の粘膜で増殖して炎症を起こさせます。目やにと鼻水が同時に起きることが多く、ワクチンを接種していない猫や子猫にしばしば見られます。結膜炎は、両方の目に起こることが普通です。通常一週間ほどで猫は回復しますが、条件が悪い場合角膜炎を起こすこともあるので早期の治療が必要です。

クラミジア感染《かんせん》

片目だけの結膜炎が起きた場合、疑わしい結膜炎です。目やにも黄色で結膜がひどく腫れることがあります。クラミジアにはクロラムフェニコールやテトラサイクリンといった、特定の抗生物質しか効きませんので、治療しながら判断することになります。再発する危険度が高く二、三週間目薬を使うこともあります。クラミジアは、細菌に近い病原体ですが結膜の細胞中に入ってしまうので、抗生物質が効きにくいのです。

マイコプラズマ性結膜炎《せいけつまくえん》

マイコプラズマは結膜浮腫、結膜充血、流涙がみられます。鼻腔や結膜に共生菌として存在していると考えられます。

外傷性結膜炎《がいしょうせいけつまくえん》

目やにが出る

■外傷性結膜炎
■アレルギー性結膜炎

複数の猫がいる環境で飼育されている場合、猫同士が爪で相手の顔を傷つけてしまうことがあります。その時結膜に出来た傷に爪の細菌が感染して結膜が腫れて目やにが出ることがあります。この場合飼い主が現場を見ていなければ断定が出来ずに原因が分からないことがあります。抗生物質の点眼が有効ですが、じゃれ合うことでまた起こりうる結膜炎です。

アレルギー性《せい》結《けつ》膜《まく》炎《えん》

結膜には異物にたいして反応する免疫組織であるリンパ組織も存在します。ですから、ハウスダストなどの異物が付着すると、炎症がおこります。痒み、流涙、目やにが出ます。

目の変化に気をつけましょう

目そのものに何か不具合が起きることもあります。ですから飼い主の皆さんは、猫の普段とは違った仕草から異常を感じ取らなくてはなりません。目を押し当てるようにして眠る仕草は、眼球の内圧が上がっている猫に観察されることがあります。緑内障や眼球内の腫瘍で眼内圧が上がり猫は違和感を覚ます。視力傷害がある猫はしばしば悪い方の目の側の体を物にぶつけます。

左右の瞳孔の開き具合が違って見えたり、明るいところで片方の目だけ瞳の中が違って見える場合、虹彩に何か炎症が起きている可能性があります。

虹彩の炎症が起こると目の色に変化が現れます。虹彩の色が薄い猫ほどそれが解りやすく発見を早めることが出来ます。

飼い方による危険度チェック⑪

危険度2

殺虫剤を使うことがある

ハエやゴキブリなどの害虫を駆除するために殺虫剤を使うことは、間接的に猫に殺虫剤の中毒を起こさせることがあります。殺虫剤で死んだ虫を食べてしまったり殺虫剤の噴霧した床や壁に触れることで猫は中毒を起こしてしまうのです。

くしゃみをするから考えられる病気

●猫のくしゃみはほとんどが鼻炎とついになって認められます。くしゃみだけが単独でおこるとすれば、気管支喘息の咳の前兆

猫のくしゃみはほとんどが鼻炎とついになって認められます。くしゃみだけが単独でおこるとすれば、気管支喘息の咳の前兆としてのクシャミが考えられます。また、クラミジアやヘルペスウイルスが起こす結膜炎で、涙の量がふえると、くしゃみをします。

慢性鼻炎や副鼻腔炎を発症している猫は、鼻粘膜は外的な刺激に対して感受性が高く、窓から外の冷たい空気を吸ったことが刺激となって、連続したくしゃみが始まることがあります。また、部屋のほこりなどもくしゃみの原因になります。部屋のすみの臭いを嗅いでいて、発作的なクシャミをする猫もいます。

お香やハーブなど刺激のある臭いに対してくしゃみが出て、加えて涙を流す場合があります。一種のアレルギーがおこすことかもしれません。

くしゃみは、それ自体では猫を重篤な状態にはしません。くしゃみする猫の治療は、あまり積極的には行われないでしょう。

鼻がむずむずしてくしゃみをしても、病院へ行こうと思う人はいないでしょう。しかし、くしゃみが重大な疾患の前兆や初期症状として現れているのなら、その元の病気の原因を早くつきとめ治療を行うことは猫にとって有益なことです。

では、以下に観察ポイントをあげてみます

●くしゃみは一日に何度でますか。
●くしゃみは単発ですか、連続ですか。
●くしゃみのでる時間はきまっていますか。
●水を飲むときにくしゃみをしますか。
●フードを食べるときくしゃみをしますか。
●三種混合のワクチンを定期的に接種していますか。
●鼻汁はでていますか。
●目はきれいですか。
●食欲はありますか。
●運動はできますか。
●涙が溢れるほど出ていますか。
●結膜はきれいですか。
●部屋の家具を新しくしましたか。
●部屋の壁紙を貼り替えましたか。
●セキをすることはありますか。
●熱は平熱ですか。
●アロマテラピーをしていますか。
●ローズマリーなどハーブを

くしゃみをする

■ネコヘルペスウイルス感染症

かざっていますか。

- 一匹でかっていますか。
- 多頭飼育ですか。
- 新しい猫が来ましたか。
- 外を自由に出入りしますか。
- 飼い主が他の猫をさわったりだっこしたりしましたか。

では、くしゃみ、鼻汁を主症状とする病気についてそれぞれ見ていきましょう。

猫ウイルス性上部呼吸器症を起こす中心となる病原性の高いウイルスはヘルペスウイルスとカリシウイルスです。

これらは伝染力の強いウイルスで、多数の猫を飼育している家や施設で発生します。

ネコヘルペスウイルス感染症《かんせんしょう》

■感染源

外見上健康なキャリアーと、くしゃみをして鼻汁をだしている発病した猫が感染源となります。

キャリアーの状態は無症状ですから、ヘルペスウイルスをもっているか持っていないかは外見からは判断できません。ですがキャリアーの猫は、体に何らかのストレスが加わると、ヘルペスウイルスを排泄するようになります。

子猫の感染源は、第1には母親です。母猫は妊娠、出産のストレスに曝され、ウイルスを排泄するようになります。子猫は子宮内感染、授乳中に母猫から感染します。

●感染経路

第1に猫同士の接触です。猫同士の舐め合いやグルーミングをしあうことは、ヘルペスウイ

危険度1

飼い方による危険度チェック⑫

猫草を与えている

猫草は、麦の芽なのでそれ自体には毒性はありません。しかし、市販されている猫草は食品ではなく植木として販売されているため、中には農薬や殺虫剤を散布されている物もあります。猫草を買う時にはこのような物が散布されていないことを確認して買うか、自分で発芽させる無農薬の草を栽培しなくてはならないでしょう。

ルスとの濃厚な接触となります。同じ食器からの食事や飲水がヘルペスウイルスを伝搬します。ですから感染の広がりは、その環境に起因すると考えられます。猫や子猫の飼育密度は密度が高ければ感染が容易におきます。第2に人間が間接的に伝搬することとして、手、洋服、道具などでウイルスを運ぶことです。

伝染病にかかるリスク

猫の栄養状態は伝染病にかかるリスクを大きく左右します。

部屋や施設の消毒の徹底が感染のリスクを減らします。アルコール消毒で効果があります。

症状

始めにくしゃみがみられます。そして鼻汁を伴う鼻炎が見られます。鼻汁は初めはさらさらと透明ですが、すぐに黄色い粘性をもった鼻汁になっていきます。鼻汁が出なくなり鼻につまると、鼻で息ができなくなり、口を開けて息をするようになります。この時期に、肺炎を併発すると、死亡する確率が高くなります。

ヘルペスウイルスが角膜に及べば角膜潰瘍をおこします。

慢性鼻炎と副鼻腔炎はヘルペスウイルスの鼻粘膜への重度な障害によりおこります。

鼻粘膜が傷害されると、鼻道に細菌感染が起こりやすくなります。また、鼻介骨の萎縮や、涙管の狭窄や閉鎖もおこります。病変は気管、気管支にも及びます。

●治療

二次感染予防のため、抗生物質を投与します。全身症状に応じて点滴や栄養補給をおこないます。角膜潰瘍には、抗ヘルペスの目薬を投与します。

●予防

ワクチン接種です。

ネコカリシウイルス感染症《かんせんしょう》

口腔と下に、水泡が出来るのが特徴です。

■感染

カリシウイルスキャリアー猫や発症している猫の唾液中に高率にウイルスが存在しています。また涙、鼻汁に排泄されたウイルスによって感染します。

●感染経路

感染経路は経口感染です。

口腔咽頭ら、鼻腔、舌、口蓋の粘膜上皮にウイルスは侵入していきます。

猫《ねこ》クラミジア症《しょう》

猫ウイルス性上部呼吸器症感染と区別がつきにくく、症状としては間欠的なくしゃみが感染初期にみられます。

5週から三ヶ月齢の子猫に感染力があります。感染から回復しても、再感染を繰り返します。

クラミジアに感染している母猫から生まれた、または感染猫のいるキャテリーで生まれた猫に新生児結膜炎がみられます。

伝搬は目やにと鼻汁との接触と空気感染です。

くしゃみをするから考えられる病気

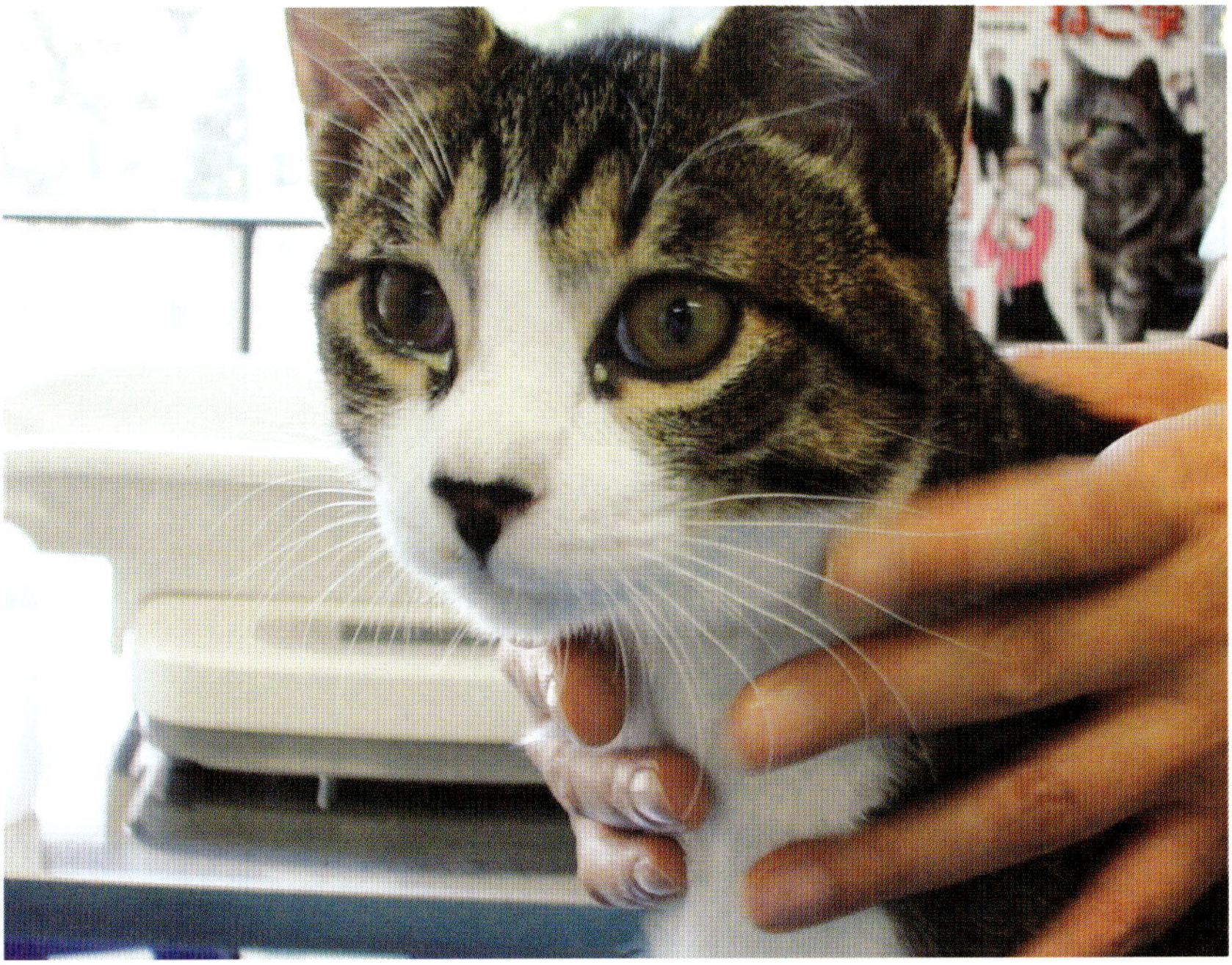

結膜炎により黄色い目やにが出ています。細菌感染が起こると目やには黄色くなります。

危険度2

飼い方による危険度チェック⑬

切り花を飾っている

美しい切り花も猫にとっては危険なことがあります。特に草を噛む嗜好のある猫にとっては切り花の農薬の残渣が中毒を起こす元となるのです。

くしゃみをするから考えられる病気

- クリプトコッカス症
- 腫瘍ポリープアレルギー
- 鼻咽頭ポリープ
- 良性鼻腔内腫瘍
- 鼻のガン
- 鼻のリンパ腫
- 涙の分泌が盛んになっている

クリプトコッカス症《しょう》

クリプトコッカスは全年齢のねこに発症します。経過は長期にわたり、局所的な鼻腔疾患を持つ猫は、鼻以外の部分は健康な状態にみえます。

症状はくしゃみ、鼻づまり、漿液性から、少しどろっとした鼻汁がでます。時間がたつと、鼻腔病変はその周囲をも傷害し、鼻の側面、眼窩にも及び、鼻の変形がおこり、顔自体の変形が引き起こされます。中枢神経に病変が及べば、全身性の運動失調やケイレンが起こります。

目に病変が出る場合は、網膜の病変は、脈絡膜内に菌が巣状に集積して。網膜が持ち上げられている特徴的な病変を見ることができます。

■感染

クリプトコッカス感染が、鼻腔内からおこると考えられています。

●治療

抗真菌剤の投与も選択肢の一つです。治療効果は不明治療後の再発も認められる。

腫瘍《しゅよう》ポリープアレルギー

鼻咽頭《はないんとう》ポリープ

鼻咽頭ポリープは若い年齢の猫に起こることの多い疾病です。鼻咽頭ポリープは耳管、鼓室胞に発生すると考えられています。鼻汁、くしゃみに加え、咳を認めることもあり、また、食事のときに、嘔吐しそうな込み上げがみられることもあります。耳あかが認められることもあります。

●治療

外科的手術。

良性鼻腔内腫瘍《りょうせいびこうないしゅよう》

10歳以上の高齢猫にみられます。鼻の変形が起こることがあります。鼻出血が見られます。くしゃみなど鼻炎症状が認められます。

鼻《はな》のガン

くしゃみ、鼻づまり、がおこります。鼻汁の排泄は片側だけのことが多く、鼻出血が認められるのは多くはありません。猫のグルーミングの最中やフードを食べているときに、鼻の鳴る音や呼吸が苦しくなってしまうことがあります。顔面の変形がみられます。

●治療

抗癌治療を選択、治療の予後は不良。

鼻《はな》のリンパ腫《しゅ》

鼻汁、呼吸困難、鼻出血、いびき、顔の変形、食欲不振などが認められます。

●治療

治療が可能なこともあります。

涙《なみだ》の分泌《ぶんぴつ》が盛《さか》んになっている

くしゃみをすると鼻の疾患を

涙の分泌が盛んになっている

疑いがちですが、そうでないこともあります。涙の分泌が何らかの原因で盛んになると、涙は涙管を通して鼻腔内に流れ込みます。

通常も涙は小量ずつ鼻腔に流れ込んでいるのですが、鼻の穴から流れ出たりする事はありません。

しかしその量が多くなると、猫は鼻の中の涙をくしゃみにして出すのです。

人間の場合泣きながらくしゃみをすることはありません、そんな時は鼻をすすったり鼻をかんだりする物です。しかし猫はその両方とも出来ないので、鼻の中に溜まった涙を外に出すためにくしゃみという手段を選ぶのです。

涙の分泌が盛んになる場合考えられる病気には結膜炎があります。クラミジア性結膜炎やアレルギー性結膜炎、ケンカにより目の周りを引っかかれて涙が出ることもあります。このような猫のくしゃみに伴う鼻水はさらさらで透明です。鼻炎が起きていないため鼻づまりもなく猫は食欲も維持していることがほとんどです。

●治療

涙の分泌過多の原因を探ることにあります。結膜炎があればその治療をします。もし刺激性のある部室で涙が出ているようならその原因を取り除くと良いでしょう。家庭では芳香剤やお香、アロマテラピーなどの気化性の物質が猫の結膜を刺激することがあります。

飼い方による危険度チェック⑭

危険度4

台所でレンジ台に上ることがある

好奇心の強い猫はどこへでも飛び上がります。レンジは火を使う場所ですので目を離した隙に登ることがあれば、火傷などの危険が潜んでいます。レンジでの猫の火傷は火を止めて鍋をおろした後のレンジのゴトクに触れることで起こりますので注意が必要です。

よく食べるから考えられる病気

●旺盛な食欲が、猫の出している病気のサインになることも知っておきましょう。

食欲が旺盛というのは、健康な証拠と思いがちですが、旺盛な食欲が、猫の出している病気のサインになることも知っておきましょう。中年から老齢の猫の今までとは明らかに違う食事に対する要求は、しばしば飼い主を驚かせます。

ある日の再現です。フードを入れたらいつもなら5、6粒のこすのに、今日は一気に食べました。そしてまだ欲しがります。いま与えた分は少なかったとおもい飼い主は追加のフードをあげます。それも一気に食べます。まだ欲しがっている様子でも、「これだけ食べたのだから」とその時は与えるのを止めます。

しかし、しばらくすると、又要求します。しかし、飼い主はフードをあげません。「さっきあれだけ食べたのだから」猫は鳴いて、飼い主の足にまとわりついて離れません。飼い主が、台所に立って自分の食べるものを料理していたら、初めてお皿の上の鶏肉を加えて食べ始めてしまいました。「猫がかわってしまった」と感じるようになります。

また、これだけ食べているのに、体重は増えません、むしろ痩せてくるのです。「食べて痩せるダイエット」を体現しているような病気は、甲状腺機能亢進症です。また、病気をしていて、飼い主によって手厚い看護を受けた猫は、病気が治った後も、飼い主の与えるままに、たとえお腹が満腹でも食べることがあります。

著者はこのような猫には、飼い主を喜ばせたいという一心で、食べ物を受け入れているのではないかと考えています。また、食べる物を満足に食べられなかった状態に置かれていた猫は、人間に保護されてフードを与えられると、とにかく食べ続けます。

食べたものは最終的には便になります。この便は出ないのに食べ続ける病気、巨大結腸症についても、この章で説明します。

よく食べること以外の観察ポイント

- ●良く動くようになった。
- ●年の割には元気になった。
- ●あまり眠らない。
- ●声変わりをした。
- ●鳴き方が激しくなった。
- ●顔つきが怖くなった。
- ●下痢をする。
- ●嘔吐をする。
- ●被毛が硬くなった。
- ●体重が急にふえた。
- ●あまり動かなくなった。
- ●そういえば便が出ていないようだ。
- ●トイレのそうじが大変にな

った。

- 手からしか食べなくなった。
- 見ていてあげないと食べなくなった。

　それではそれぞれの原因について見ていきましょう。

甲《こう》状《じょう》腺《せん》機《き》能《のう》亢《こう》進《しん》症《しょう》

　甲状腺の働きが亢進することで、過食に加え、活発な運動をするようになります。心悸亢進が認められ、心拍数が一分間に230、240回となり、聴診で心拍数を数えることは困難になります。高血圧が認められ、採血すると、非常に早く血液が上がってきます。

　下痢がおこることもあります。同時に腎機能の低下も認められることもあります。心肥大がみとめられることがあります。被毛は乾燥でパサパサしています。顔つきが変わります。次第に元気が無くなり、食欲不振、衰弱します。

　甲状腺機能亢進症の1～2パーセントくらいは甲状腺癌です。

●治療

　甲状腺ホルモンの合成阻害薬を投与します。

副《ふく》腎《じん》皮《ひ》質《しつ》機《き》能《のう》亢《こう》進《しん》症《しょう》

　副腎皮質機能亢進症はクッシング症候群ともよばれます。副腎皮質の機能性腫瘍、副腎皮質の過形成による、グルココルチコイド産生過剰によってひきおこされます。

　5～6才から10才以上の猫に認められます。

写真で見る病気

よく食べる

育ち盛りの子猫はとてもよく食べます。生後六ヶ月の猫は生涯で最も多くの量の食事を取ります。

糖尿病の併発がみとめられ、糖尿病の症状の多飲多尿が認められます。高血糖が見られます。皮膚の脆弱化がみられます

◉治療

外科的手術が有効との考えがあります。

巨大結腸《きょだいけっちょう》

巨大結腸は結腸の機能障害による便秘のことです。腸は、便の大きさにあわせてある程度の拡張はできる器官ですが、結腸の直径が第7腰椎、椎体の2倍以上拡張しているとき、異常と考えられています。結腸は、数日分の便が塊になったもので拡張しています。猫は便意がほとんどありません。しかし食べます。ひどい場合は、嘔吐、食欲不振になります。脱水していることもあります。

◉治療

内科治療としては、便の組成を考えたフードと内服薬を使います。

浣腸はあまり効果がないこともあります。

麻酔下で、肛門から指を入れて指で便を砕いてだします。結腸を空にします。

外科的に結腸の切除手術を行います。

過食《かしょく》

飢餓を経験した猫の過食はすさまじい物があります。猫の食べる量にまかせていたら、例えば、生後三ヶ月くらいの猫で、一日30から40グラム位体重が増加することがあります。普通の子猫の一日の体重増加は上限で20グラムです。

▼予防

獣医師が処方する処方食を体重が落ち着くまでたべさせると健康な成長を助けます。

精神的過食《せいしんてきかしょく》

病気をしたときに、手からフードを食べさせてもらっていた猫が、病気から回復してもフードをボールに入れて置いても食べず、手からしか食べなくなることがあります。

そしてお腹はすいていなくても、飼い主の差し出すフードを食べます。

自分の猫が闘病中、少しでも食べものを口にした猫を褒めると、喜んだ飼い主の心は猫に伝わっています。自分が食べれば飼い主が喜ぶことをインプットされた猫は、自分の体を犠牲にしても食べるようです。

しかし過食はつぎに病気を併発してしまいます。精神的な繋がりは、食べることではなく、遊ぶことで持てるように考えてあげましょう。

■課題

飼い主と猫の非常に密接な関係性は、よく見られます。ただ、こういう猫は、お留守番が出来ません。預けることもできません。

どうしても、人間だけで行動しなければならない事態を想定して、家族や親しい友人にも馴れていけるよう、日頃から少しずつ練習するとよいでしょう。

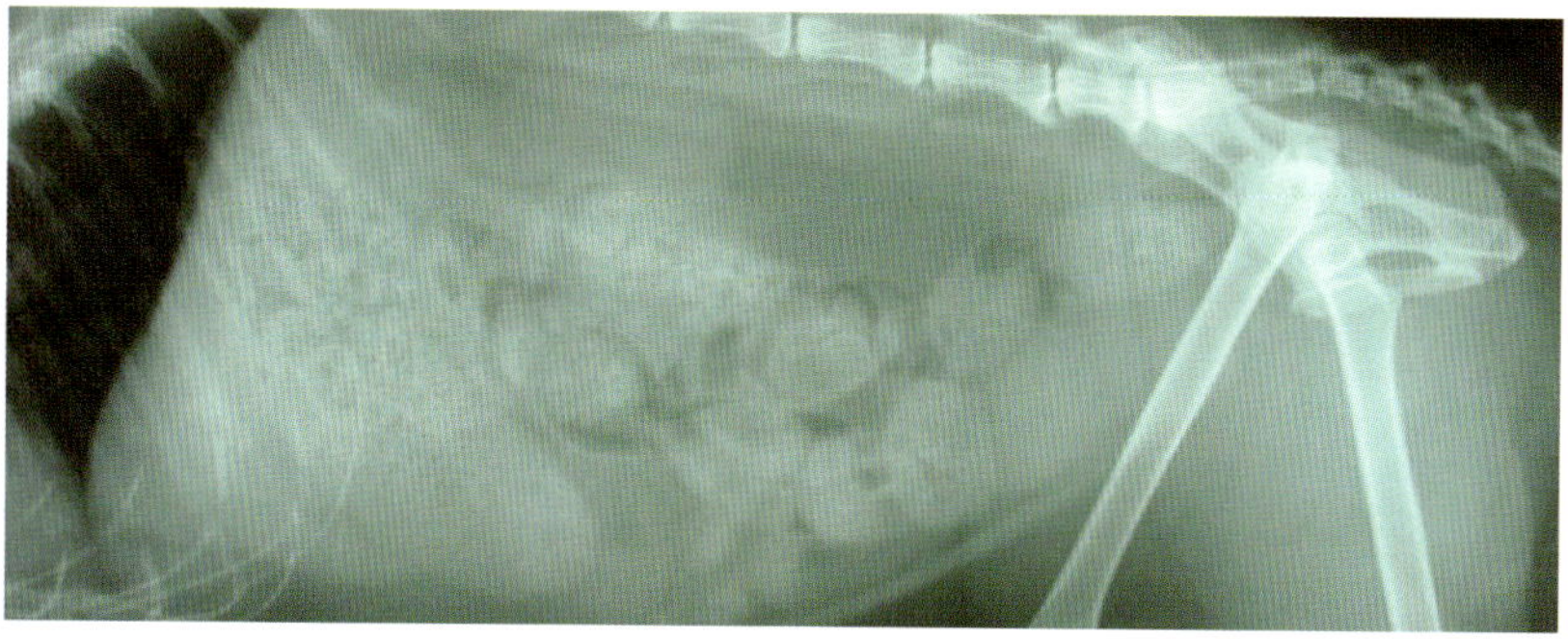

約3日分の便が大腸に留まっている。

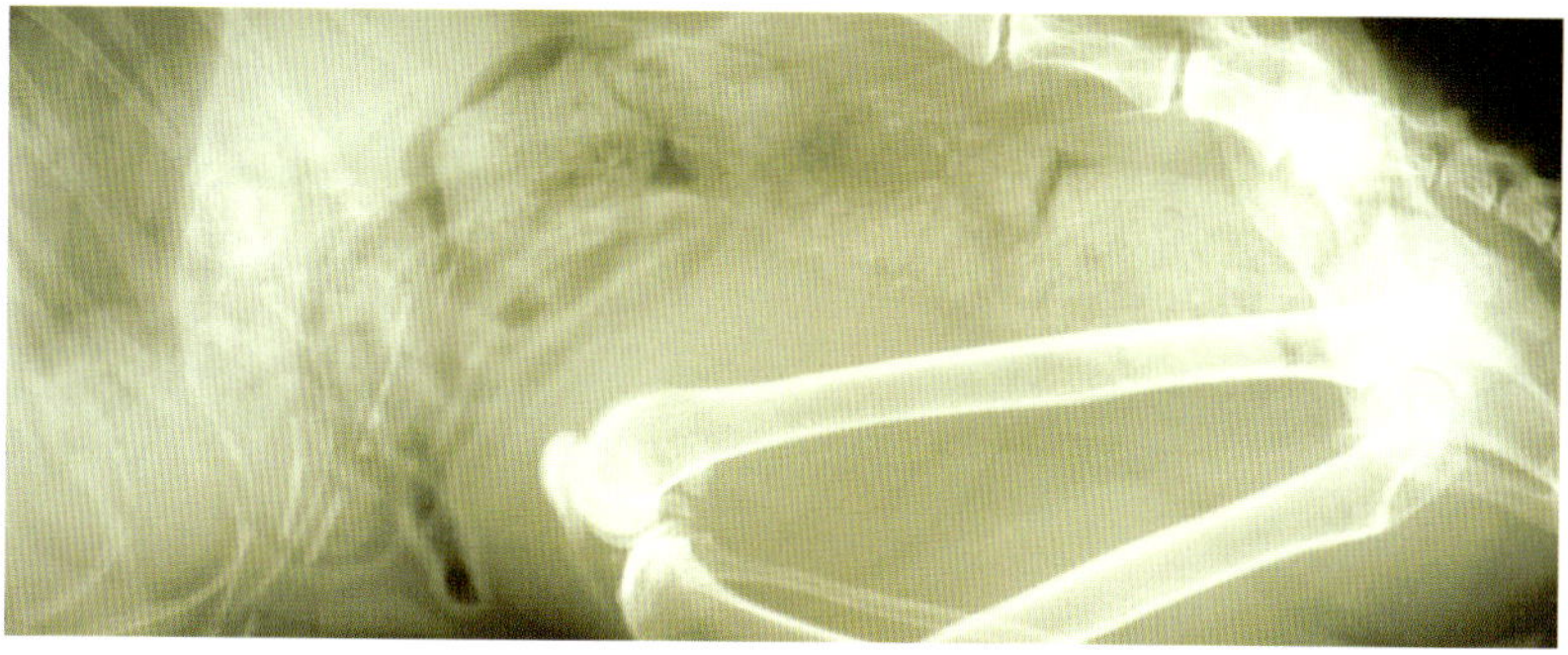

時間の経過とともに便は太くなり、骨盤を通過できません。

イラストで見る病気

巨大結腸

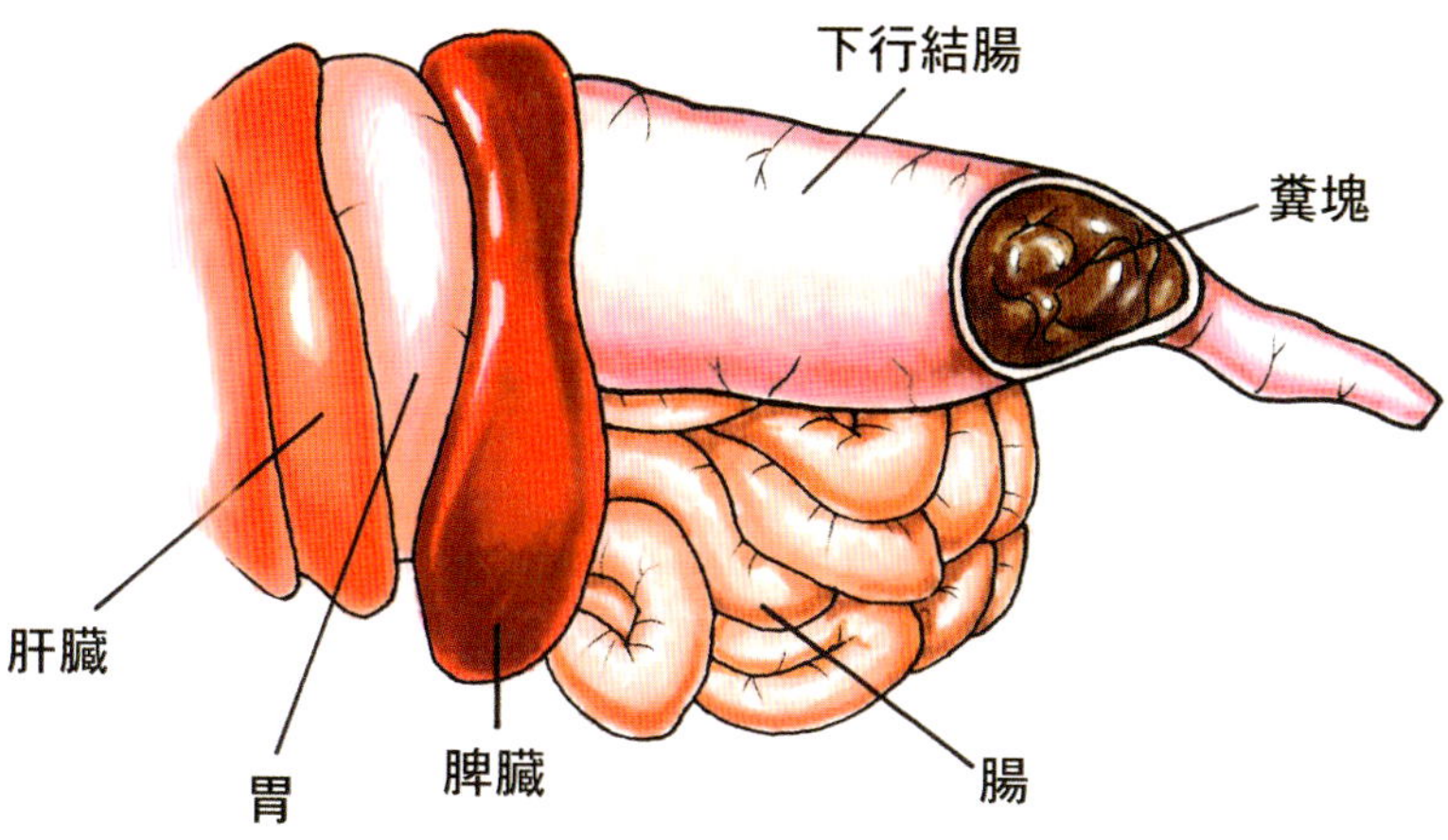

結腸に便が溜まっています。便意はなく結腸は巨大化してしまいます。自力では排便できないため、指を用いて便をかき出します。

水をよく飲む（多尿と多渇）から考えられる病気

●猫が水のみ場から離れずピチャピチャ音を立てて飲んでいれば、猫の様子がただごとではないと感じると思います。

■成長ホルモン分泌下垂体腫瘍、末端巨大症

猫は本来あまり水をのまなくても平気な動物です。自分の猫の水を飲んでいるところはほとんど見かけないと思う方もいるでしょう。また、水道の蛇口のポタポタしている水滴を好んで飲んでいる猫もいます。飲むというよりはなめて遊んでいるようです。普段猫はボールに用意した水をガブガブと飲むことはありません。

ある日、用意してあるボールの水が半日でなくなっていると、猫がこぼしてしまったのかと勘違いしてしまうかもしれません。しかしそれが毎日続けばおかしいと気付くでしょう。トイレでのオシッコの塊の数が急に増えれば、猫に何か異常がおこっていると気付きます。トイレのそうじは大切です。

猫が水のみ場から離れずピチャピチャ音を立てて飲んでいれば、猫の様子がただごとではないと感じると思います。急な変化はわかりやすいものです。

しかし、この変化が少しずつゆっくりおきていると、なかなか気づけないかもしれません。

慢性腎不全になっている猫は、時間をかけてゆっくり進行しますから、気付かないうちに病気が進行していることがあります。甲状腺機能亢進症は、見た目に元気になったようにも見えますから異常に気付くのは難しいかもしれません。

しかし、これらの病気は、病気の初期に気付けば気付くほど猫にとって有益な治療が開始できます。

多飲多尿のメカニズムは、喉が渇いて多飲になってオシッコが大量にでる多尿を多渇症、体が尿をしぼり出してしまうので、尿量は増え、体が脱水してしまうため水を飲む多尿症にわけられます。

このような体の変化に異常をおこす元となるのが一つには内分泌障害です。

内分泌では、さまざまなホルモンがつくられます。このホルモンの分泌異常によって内分泌疾患は、引き起こされます。

では始めに下垂体からみていきましょう。下垂体は様々な刺激ホルモンの分泌と調整をおこなっています。分泌されるホルモンには甲状腺刺激ホルモン、成長ホルモン、性腺刺激ホルモンの卵胞刺激ホルモン、黄体刺激ホルモンなどがあります。

成長《せいちょう》ホルモン分泌《ぶんぴつ》下《か》垂体腫瘍、末端巨大症《まったんきょだいしょう》

下垂体の成長ホルモン分泌が過剰になり、末端巨大症を発症します。顔つきと体の大きさに変化が見られます。成長ホルモンによる結合組織の増殖は体を

大きくし、体重増加が見られます。インスリン抵抗性の糖尿病がみとめられます。

抗利尿ホルモンを分泌する神経性下垂体の不全により、尿崩症がおきます。

甲《こう》状《じょう》腺《せん》機《き》能《のう》亢《こう》進《しん》症《しょう》

甲状腺は、第5または第6気管輪に接して両側に2葉からなります。正常の甲状腺は触知できません。甲状腺機能亢進症の猫では、肥大した甲状腺を触知することができます。甲状腺機能亢進症は甲状腺ホルモンのチロキシンT4およびT3の分泌過剰からおこる、多臓器に障害をおこす疾病です。10歳を超えた猫にこの疾病は多く発現します。

甲状腺ホルモンはどんな働きをするのかというと、全身性の熱産生、炭水化物、蛋白、脂肪代謝を調整しています。

甲状腺機能亢進症はエネルギー代謝と熱産生を亢進しますから、猫の食欲は増加します。この病気を発症した猫の食欲は旺盛で、普通だった頃の食事量では到底足りず、飼い主に頻繁に食事を要求します。驚くほど食べますから、便の量も増えます。時に下痢がみとめられることもあります。食欲が旺盛であるのにもかかわらず、やせて体重は減少します。

体重の減少は際だった異常なのですが猫は活発に動きますから、年の割には元気になったと誤解してしまうこともあるのがこの病気の特徴です。非常にかん高い声でうめくように鳴く様子も見られます。興奮して落ち

飼い方による危険度チェック⑮

危険度8

家の中にトイレを置いていない

外出中であっても家の中にトイレは置くべきです。なぜなら尿や便の状態が観察できるからです。膀胱炎や尿道閉鎖、下痢、便秘を知ることで次の対処方法が決められるのです。知らなければ対処が出来ないばかりか症状がかなり進んでしまうこともあるでしょう。また、野外でフンをすることは社会的にも問題が生じることがあります。

着きがなく、ゆっくり眠れないこともあります。被毛はぼさぼさになってきます。甲状腺ホルモンは利尿作用もあり、喉が渇き、尿量も増えます。心拍数の増加、高血圧もみられます。

鬱血性心不全の発現も認められることがあります。

診断は血液検査でホルモンの定量、チロキシンT4を行うことで、正常値より高い値の場合は甲状腺機能亢進症と判断します。

◉治療

甲状腺ホルモンの合成を阻害する薬剤の投与をします。

甲状腺癌《こうじょうせんがん》

症状は甲状腺機能亢進症に準じます。

慢性腎不全《まんせいじんふぜん》

慢性腎不全は、腎臓の機能が低下することにより血液の中の尿窒素を尿に排泄しにくくなる状態です。このため腎臓は、尿量を増やして尿窒素の排泄に対応しようとします。正常な尿には少ない量でたくさんの尿窒素が含まれますが、慢性腎不全の猫は、たくさんの尿に少しの尿窒素が含まれた尿しか作ることが出来ないため、結果的に多尿となります。

多尿になった猫は、必然的に大量の水を飲まなくてはいけなくなるのです。多尿を示す指標が尿の比重です。1・035以下であれば猫は腎不全になっていると判断します。

慢性腎臓病の進行過程

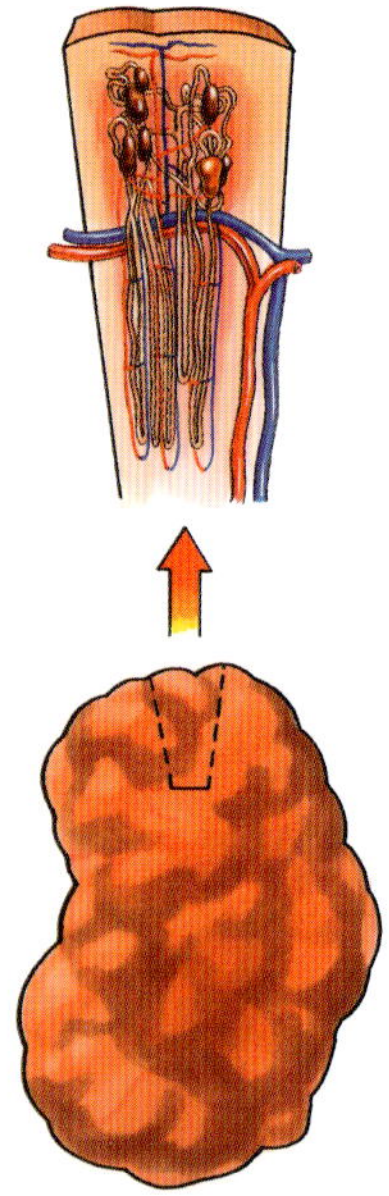

慢性腎臓病

糖尿病《とうにょうびょう》

糖尿病は、膵臓のβ細胞が壊されてインスリンの分泌が低下することによっておこります。

インスリンの働き

インスリンとは膵臓のベーター細胞で作られるホルモンで、体中の細胞が血液の中からブドウ糖を取り込んでエネルギーとして利用する事を助けます。インスリンの分泌が不足すると、細胞がブドウ糖を利用できなくなり、その結果、血中のブドウ糖濃度が上昇します。高血糖と呼ばれる血糖値の上昇です。この高血糖が持続するようになると糖尿病の発症です。

もし糖尿病を治療しないでおくと、神経症状が現れます。なぜなら血液の中の異常な濃度の

ブドウ糖が神経細胞を傷害するからです。猫は、四肢のマヒが起こり歩行の時力が抜けたようになります。中枢神経に異常をきたして真っ直ぐ歩こうとしているのにくるくるまわってしまうこともあります。ついには、起立不能がおこり、尿失禁がみられます。視神経を冒され目が見えなくなることもあります。

◉治療

インスリンの投与をします。

自宅でできる糖尿チェック

尿糖を調べる試験紙を猫のトイレに置いてみましょう。

慢性腎盂腎炎《まんせいじんうかんえん》

腎盂や腎実質に感染を起こす腎盂腎炎が繰り返し起こることで、腎臓が傷害され、腎不全となります。

▼原因

尿路感染を起こす細菌が繰り返し腎盂に達する。

神経性尿崩症《しんけいせいにょうほうしょう》

神経性尿崩症は、抗利尿ホルモンを放出する下垂体の障害によっておこります。尿量を調節して、体の水分バランスを保つ抗利尿ホルモン分泌が低下してしまうため、非常に薄い尿が作られます。

▼原因

中枢神経系の炎症や腫瘍。

腎性尿崩症《じんせいにょうほうしょう》

腎臓が抗利尿ホルモンに反応しなくなり、尿を濃縮出来ず、大量の薄い尿が出ます。

イラストで見る病気

正常な腎臓

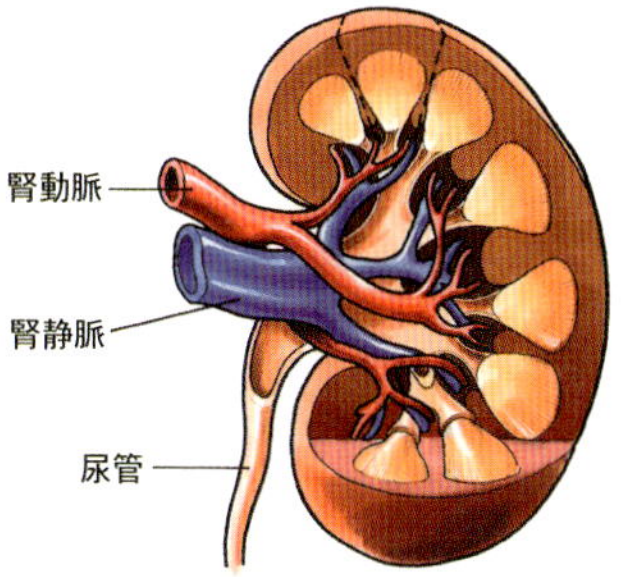

腎臓の正常解剖

ネフロン

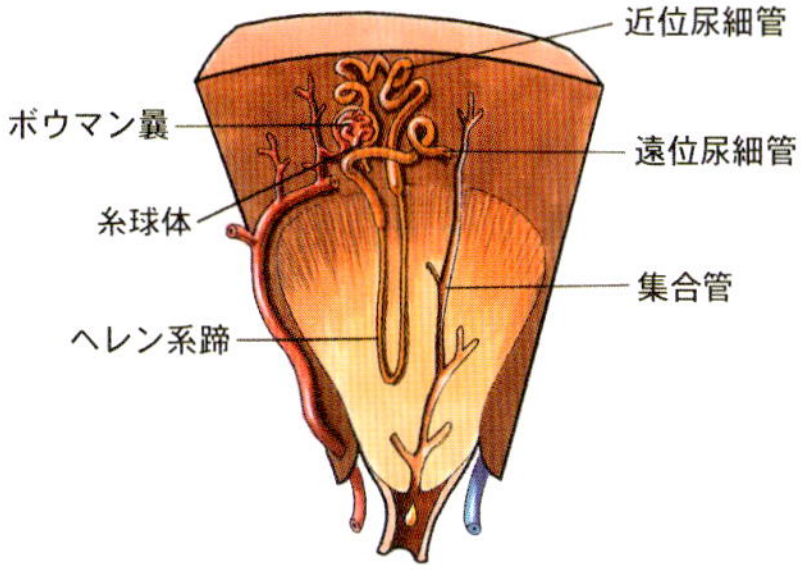

腎臓は血液を濾過して尿を作る臓器です。慢性腎不全の腎臓は萎縮して小さくなっています。

傷が治らないから考えられる病気

●なかなか治らない傷は、何か隠れた原因があると思われます。

猫は傷をなめて治すと言いますがこれは本当のことでしょうか。医学的見解から見てこの言葉は、半分あっていて半分間違っている言葉だと思います。

なぜなら舐めることにより傷の治癒を促進する場合とそうでない場合があるからなのです。例えばアプセスのように皮下で膿んでしまった場合は、膿や死んだ皮膚の一部を舐め取ることで治癒が促進されます。

傷を洗いガーゼで拭き取る作業に似ています。しかし傷がきれいな切り傷だとしたらどうでしょう。自然の状態では猫が切り傷を負うことはあまりないかと思います。

しかし、手術などで皮膚を鋭利な刃物で切開したときは舐めるという行為はかえって治癒を妨げてしまうのです。

このような傷は何もしない方が良くなるからです。多くのネコたちが手術の後の傷を縫合糸による違和感から舐め、糸を取ろうとしてしまいます。ですからこのような傷の場合は触れさせなければきちんと治ります。

猫が傷を舐めてもいっこうに治る気配が無く、それどころか状態が悪くなっているようなら、それは何か別のことが起きていると考えた方がよいでしょう。それが傷のように見えても傷でない場合、例えば腫瘍や肉腫などである場合も自然には治りません。

傷であってもそれが真菌から起きる場合はこれもまた自然治癒が望めないのです。猫が何らかの理由で免疫不全になっている場合、傷は治りません。傷のバックグラウンドに隠されたもう一つの病気を発見しなくてはならないのです。

では傷についての観察のポイントです。

- 年齢は若年。
- 年齢は中年。
- 年齢は老年。
- 多頭飼育である。
- 一匹で暮らしている。
- 一般的な外傷の治療をおこなっても治らない。
- 一度治ったと思ったら、また同じ場所に再発した。
- 発熱がある。
- 食欲が無い。
- 食欲不振。
- 元気がない。
- 痩せてきた。
- 傷が広がっている。
- 基礎疾患としてエイズ陽性。
- 猫白血病ウイルス陽性。
- 糖尿病である。
- 内分泌性疾患がある。

それでは治りにくい傷についての原因をそれぞれ見ていきま

傷が治らない

- 好酸球性プラク
- 好酸球性線状肉腫
- 好酸球性潰瘍
- 皮膚脆弱シンドローム

しょう。

好酸球性《こうさんきゅうせい》プラク

病変部分は脱毛がみられます。境界明瞭なカリフラワー状の皮膚病変を形成します。全年齢に発生が認められます。激しい痒みがあり、病変の色は暗い赤みを帯びていることがあります。後発部位は、腹部や内股です。

好酸球性線状肉腫《こうさんきゅうせいせんじょうにくしゅ》

後肢によくみられる、線状の病変を形成します。脱毛がみられ、病変部は硬く、長さは数センチ~10センチに及ぶこともあります。口唇と下顎に腫れて膨れたような病変ができることもあります。

好酸球性潰瘍《こうさんきゅうせいかいよう》

全年齢に発生が見られます。特に上唇部に赤く潰瘍化した病変としてみられます。潰瘍が広がり、鼻まで及ぶこともあります。病変は痛みや痒みはあまりないと考えられています。

皮膚脆弱《ひふぜいじゃく》シンドローム

全身の皮膚がもろくなって、びりびりと破けていくような皮膚疾患が見られます。手術で縫合を試みても、皮膚が脆くて破けてしまいます。皮膚のコラーゲンがまったくないような皮膚疾患です。副腎皮質機能亢進症に罹患している猫にみられると

写真で見る病気

潰瘍

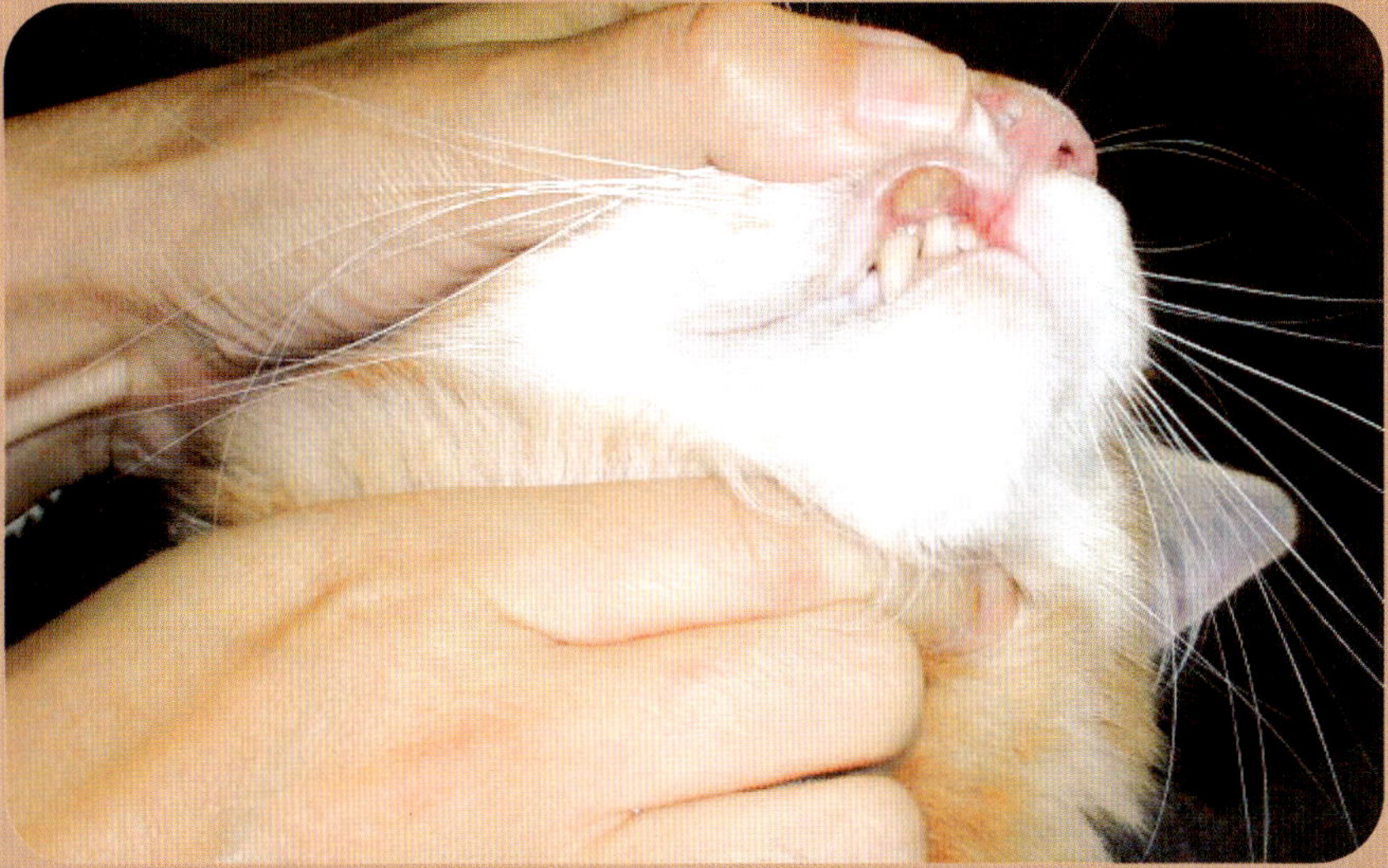

口唇に出来た潰瘍。

報告があります。

◉治療

外科的に副腎の除去が効果的と言われている。

菌《きん》種《しゅ》

真菌、放線菌が、創傷部位から皮下にもぐるろう管を形成して、じわじわと広がっていきます。皮膚は、脱毛し、所々に穴ができます。さん出液がでて、膿もでます。非常にゆっくりと、しかし確実に広がっていきます。発熱、食欲不振、全身症状の悪化で死亡します。

◉治療

外科的切除手術をする事で、ろう管の広がりが止められればよいのですが、非常に難しい病気です。抗真菌剤や抗生物質の投与も試みます。

扁《へん》平《ぺい》上《じょう》皮《ひ》癌《がん》

太陽の光りが、皮膚に癌を引きおこします。日光に多く暴露されやすい、顔面は特に発生しやすい部位です。耳介や鼻先の表皮がポツポツと腫瘍を形成します。か皮を形成します。潰瘍をつくります。引っ掻き傷のようにみえます。毛色の白い猫、色素の薄い猫に発生率の高い癌です。老齢の猫が主に罹患しますが、中年の猫にも発症します。

◉治療

腫瘍の大きさ、腫瘍の時期に応じた治療を選択します、外科的手術も行われます。

▼予防

日中の直射日光を避けること。紫外線に当たらないようにすること。

皮《ひ》膚《ふ》血《けっ》管《かん》肉《にく》腫《しゅ》、皮《ひ》膚《ふ》血《けっ》管《かん》腫《しゅ》

老齢の猫の発生率が高い肉腫です。皮膚の色の薄い猫が罹患しやすい傾向にあります。顔面や、耳介に潰瘍と出血が見られます。内出血している腫瘤も認められます。転移の可能性があります。

◉治療

外科的切除手術を行うのが、第1選択と考えられていますが、その前に転移の評価が必要です。

皮《ひ》膚《ふ》リンパ腫《しゅ》

痒みのある、プラク状の病変が特徴です。痒みのため、猫は掻き壊し、病変に潰瘍を形成します。頭部、顔面、足などに病変ができます。老齢の猫に発生率が高いが、若齢猫にも報告はあります。猫エイズウイルス、猫白血病ウイルスとの関連性も示唆されています。

肥《ひ》満《まん》細《さい》胞《ぼう》腫《しゅ》

年齢は全年齢で見られます。頭部や頸部などに粟粒性の結節や、硬い腫瘤、プラーク様の様々な様子の病変が見られます。

◉治療

外科的切除手術が選択されるのが一般的です。

皮《ひ》膚《ふ》のメラノーマ

老齢猫で、色素沈着する黒っ

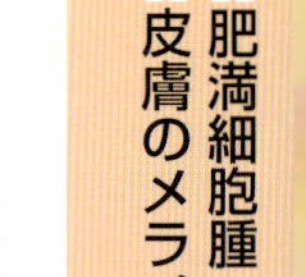

ぽい皮膚の腫瘍です。特に、頭部、頸部、耳介に多くみられます。

◉治療

外科的切除手術が第1選択となります。稀に治癒することもあります。再発、転移がおこります。

基《き》底《てい》細《さい》胞《ぼう》腫《しゅ》

老齢の猫に発生する傾向があります。病変は限界明瞭な腫瘤としてみとめられます。色素沈着が多く見られます。メラノーマとの鑑別が必要です。

悪性基底細胞腫は浸潤性で色素沈着はあまりみられません。

ケンカのけが

二匹以上の猫がいる場合、相性の悪い猫同士は、傷を負うケンカをします。毎日ケンカをすれば、傷はなおることがありません。

◉治療

アプセスにたいする治療を行います。

▼予防

同じ空間に同居させないことです。

免《めん》疫《えき》不《ふ》全《ぜん》

エイズに感染していたり、糖尿病を患っていたりしている猫たちは、免疫力が低下しています。それらの猫たちは、健康な猫なら、すぐに治ってしまうような傷であっても、治りにくいことがあります。

写真で見る病気

治らない傷

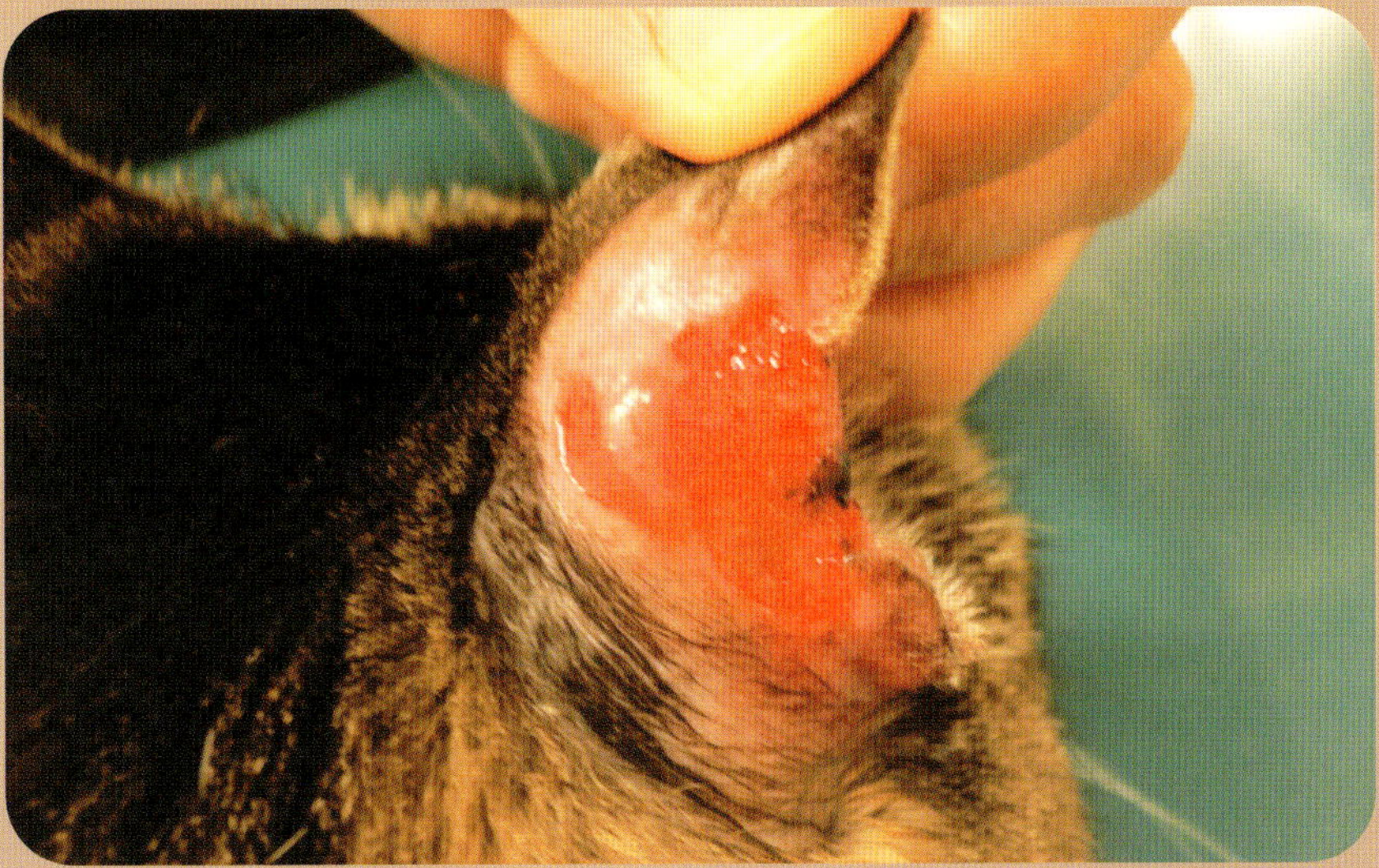

耳に出来た治らない傷。病理検査の結果、線維肉腫でした。

ケイレン、発作から考えられる病気

●発作は激しい発作から、軽度の発作まで発現の仕方は様々です。ケイレンは、全身的に、あるいは局所的に生じる、急激で、不随意な筋収縮です。

発作は脳の電気活動の障害です。発作は激しい発作から、軽度の発作まで発現の仕方は様々です。不安な様相を呈すること、ふらつき、不随意運動、涎を流す、失禁や脱糞、鳴き叫ぶ事、興奮する、嗜眠など様々な動き、行動がみられます。また、発作の時間は、ほんの数秒で終わる場合、数分、数十分、それ以上続く物もあります。発作の頻度も様々です。

猫にもてんかんがみられます。てんかんは脳内の神経細胞の異常な電気活動にともなっておきる、ケイレンや意識障害などが、慢性的におこる脳の病気です。

ケイレンは、全身的に、あるいは局所的に生じる、急激で、不随意な筋収縮です。ケイレンには、真性てんかん、症候性ケイレン、心因性ケイレンなどが含まれます。

ケイレン発作時意識のない猫が、歯で舌を噛んでしまわないように、ガーゼなどを丸めた物をかませるとよいでしょう。

発作、ケイレン、を起こした猫の様子

●猫の口の周りが涎でぬれている。
●泡をふいた。
●涙がながれた。
●目の焦点が合わない。
●目が飛んでいるよう。
●猫を呼ぶ声に反応しない。
●ぐったりとしている。
●震えている。
●タンスの上に寝ていた猫が落下した。
●手足を硬直させてたおれた。
●不安な表情で鳴きながら歩いている。
●嘔吐した。
●オシッコをもらした。
●ウンチをもらした。
●暴れ回った。
●発作、ケイレンをおこすきっかけとなる出来事。
●猫同士のケンカをした。
●家出をして、数日たって帰ってきた。
●以前、交通事故に遭ったことがある。
●老齢である。
●既往症として、糖尿病、甲状腺機能亢進症などがある。
●ケイレン発作の観察のポイント。
●時間はどれくらいか。
●意識のレベル。
●目はどうか。
●吐き気はあったか。
●発熱。
●ケイレン発作後の食欲。
●ふらつき。
●運動障害。
●歩行障害。
●眠れるか。

ではケイレン、発作の原因について見ていきましょう。

ケイレン、発作

狂犬病　レイビーズ
猫伝染性腹膜炎

狂《きょう》犬《けん》病《びょう》　レイビーズ

狂犬病ウイルスはリッサウイルス属ラブドウイルス科に属するウイルスです。狂犬病ウイルスは全ての恒温動物に感染します。狂犬病ウイルスを伝搬する動物の多くは野生動物です。例えばホッキョクギツネ、シマスカンク、アライグマ、吸血こうもり、食虫こうもりなどです。コウモリは、唾液と尿中に狂犬病ウイルスを排泄します。アメリカでは猫の狂犬病の感染源の一つとしてコウモリが重要視されています。猫の狩をする習性が、この狂犬病感染コウモリをハンティングさせます。そしてコウモリに咬まれたり、又は尿をかけられたり、といった行為で、感染していまいます。

症状は、前駆期、興奮、凶暴期、麻痺期の三期にわかれます。前駆期では体温の上昇、瞳孔の散大、情緒不安定、などがみられ、音などの刺激には過剰に反応します。興奮期では、筋肉のけいれん、筋肉の脱力、唾液の亢進、運動失調、ふらつき、咽頭麻痺による嚥下困難が見られるようになります。麻痺期には、麻痺が全身に及ぶと、死亡します。

●治療

狂犬病の症状が出ている場合は、数日以内に死亡します。治療法はありません。

猫《ねこ》伝《でん》染《せん》性《せい》腹《ふく》膜《まく》炎《えん》

非滲出型ＦＩＰは、中枢神経系に病変を引きおこします。中枢神経を冒されてくると、摂食

危険度1

飼い方による危険度チェック⑯

近くに馬小屋がある

破傷風菌は土壌に存在する菌で傷口から感染して痙攣を起こします。ウマの糞から排泄されることが多いためウマを多く飼育している地域では土壌病として存在します。

障害が起こってきます。

フードをうまく食べられないようすがみられます。また、口からこぼすようにもなります。舌ですくいとろうとしてもフードが乗らなくなり、口に入れてあげても、飲み込めなくなります。

水も自力で飲むことが出来なくなってきます。少しの刺激でビクッと体を硬直させ、神経過敏となります。体は痩せて脱水してしまいます顔の表情が変わっていくように感じます。

眼球が揺れるように動きます。目が見えなくなることもあります。歩行がおぼつかなくなります。座り込んだまま動けなくなります。けいれん発作がおこります。大きな声で鳴くこともあります。

●治療

治療法はありません。発症してしまったら、2〜4ヶ月くらいで死亡します。

クロストリジウム感染症《かんせんしょう》

破傷風菌クロストリジウムテタニが産生する毒素によって引きおこされます。破傷風菌は傷口から侵入します。破傷風菌は、多くの家畜、特に馬の糞便から分離されていて、家畜が飼育されている土壌が汚染原となります。症状は、伸長反射の障害による、脊髄症状がみられます。激しく肢を硬直させケイレンします。

●治療

抗生物質の治療を試みます。

フィラリア症《しょう》

フィラリア子虫の迷入（本来の寄生場所ではない部位に寄生虫が入り込むこと）が脳に見られることがあります。脳動脈、硬膜下腔、脳幹などに子虫が入り込むと、沈鬱、旋回、ケイレン、麻痺などがみられます。

髄膜腫《ずいまくしゅ》

脳の側頭、前頭、後頭の髄膜から発生しますが、大脳の髄質にもっとも多く発生する脳腫瘍です。腫瘍は中枢神経を圧迫し、様々な症状を引きおこします。旋回などの行動の変化がみられます。視覚に障害がおこります。腫瘍が脳組織を圧迫して、てんかん発作の引き金になると考えられます。老齢の猫に発生の多い腫瘍です。

●治療

手術が適応であれば外科手術を試みます。

上皮細胞腫《じょうひさいぼうしゅ》

脳脊髄液の流通が妨げられることで、水頭症、失明、四肢麻痺などが見られます。

●治療

外科的手術、抗炎症剤、抗てんかん薬などの治療が試みられます。

低《てい》カルシウム血症《けっしょう》

低カルシウム血症は上皮小体機能低下症の場合に認められます。

●治療

カルシウム補給とビタミンDです。

産《さん》褥《じょく》テタニー

子猫を産んで、授乳中の母猫の血中カルシウム濃度が極端に低下する事により、急性におこるケイレン発作です。死に至ることもあります。

体《たい》循《じゅん》環《かん》門《もん》脈《みゃく》シャント

門脈の血管異常によって、肝臓にはいるべき血液が、肝臓を迂回してしまうので、血液の中のアンモニアが肝臓で分解されないため、高アンモニア血症になります。アンモニアは脳に作用してケイレンを起こします。

熱《ねっ》中《ちゅう》症《しょう》

熱中症は室内飼いの猫で見られる緊急疾患です。

▼原因

気温の高い日にエアコンをかけずに外出すると室内の温度が上がり猫は熱中症になります。機密性の高いマンションにお住まいの人は、特に気をつけなくてはなりません。

■症状

熱中症になると猫は開口呼吸をします、次には熱性の痙攣、意識喪失から死に至ります。飼い主がこれに気がつけばまず水道水をかけ続けることで体温を下げます。意識があり体温が正常に戻れば命を救うことが出来ます。本格的な夏を迎える前の暑い日に多く見受けられます。

飼い方による危険度チェック⑰

危険度7

フィラリアの予防薬をしていない

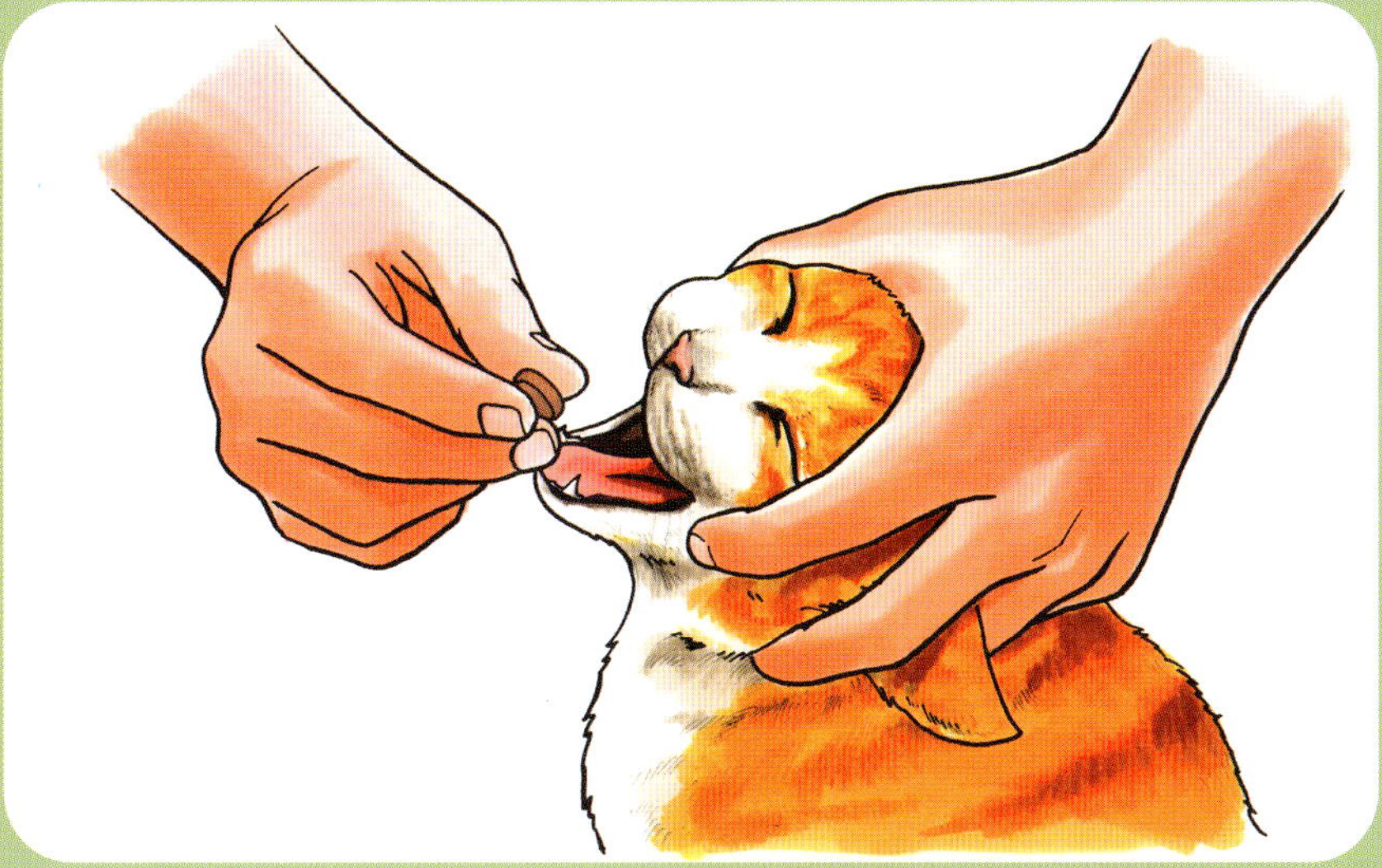

フィラリアは、犬糸条虫という心臓に寄生する寄生虫です。猫にも感染することが知られていますが、その症状は急性で対処は非常に難しいのです。予防はできますが、治療法は確立していませんので蚊に刺される環境にいれば予防は必須です。月１回の予防薬があります。

呼吸困難から考えられる病気

●呼吸困難は飼い主がみて明らかに分かる呼吸の異常です。呼吸困難に陥っている猫の姿勢は、胸をひろげるようにしてうずくまる状態になります。

気管支肺疾患では咳、呼吸困難など、呼吸器症状がみとめられます。呼吸困難は飼い主がみて明らかに分かる呼吸の異常です。呼吸困難に陥っている猫の姿勢は、胸をひろげるようにしてうずくまる状態になります。これは猫が呼吸をなるべくしやすくするためにとる姿勢ですから、この状態の猫をいつもの調子で抱きかかえることは危険です。病院への搬送は猫の姿勢を保持し、負担をかけないように行いましょう。普通に使っているキャリーバックが、猫の姿勢を低くしなければ入らないのなら使うべきではないでしょう。

猫が呼吸困難に陥ると、容易に呼吸が行える呼吸パターンを示します。その呼吸の様子は深くゆっくりとして一定のリズムを取っている場合や、浅い呼吸を頻回に早く取る場合などがあります。呼吸の苦しさから開口呼吸が見られることもあります。酸素吸入は有効です。猫の正常な呼吸数は一分間に20～60回です。

呼吸困難を呈した猫については、これが急性に起こったのか、それとも慢性的な物なのかを判断していきます。以下の3つが比較的多くみられる要因です。

❶呼吸器疾患の兆候は全くなく急性に呼吸困難が起こった。

❷慢性的に呼吸器疾患があって、ついに呼吸困難に陥ってしまった。

❸既往症として心疾患に罹患している猫が呼吸困難におちいってしまった。

猫の日頃の生活の中で呼吸困難に陥る可能性としての、呼吸器疾患や心疾患をもっているか、以下の点に気をつけて観察してみましょう。

●いままで咳をしたことがあるか。
●咳をする時間に規則性はあるか。
●くしゃみをしたことはあるか。
●吐くことはあるか。
●吐いた物は食事。
●吐いた物は毛玉。
●吐いた物は泡状の液体。
●吐いた物は胃液。
●吐こうとしているけれど何も出てこない事があるか。
●咳は乾いたような音か。
●たんの絡んだような咳か。
●頸を伸ばして姿勢を前のめりにして嘔吐する様子をみたことがあるか。
●運動の後咳をするか。
●運動はしないか。
●運動をした後、舌の色を見るときれいな赤色をしている。
●運動をした後、舌の色を見ると、正常の色より白っぽい又

呼吸困難

は紫色。

●薄明活動動物の猫が活発に走り回る、朝方もしくは夕方の、「狂気の30分運動」は毎日行っているか。

●活発にキャットタワーを上り下りするか。

●いつみても窓辺で横たわり、まるでぬいぐるみのようか。

●遊んであげても、体は横たえたまま、手だけで反応するだけか。

●運動すると口を開けてハーハーするか。

●いびきをかくか。

その他呼吸以外の猫の様子を見ていきます。

●鼻は両方通じているか。

●目はきれいか。

●発熱はあるか、発熱と平熱とを繰り返すか。

等です。

呼吸困難は、その吸って吐く呼吸の動作から気管支炎、気管支拡張症、肺水腫などで、肺から空気を排出することが困難な息が吐きづらい呼吸困難である呼気性呼吸困難と、肺活量の低下する胸膜などの疾患で肺が拡張しづらいことにより息が吸いづらい吸気性呼吸困難とに分けることができます。

緊《きん》急《きゅう》事《じ》態《たい》

呼吸困難を起こしている猫の多くは、一刻を争う緊急な事態と考えられます。命にかかわる状態は、ただちに獣医師の治療が必要となります。呼吸困難を起こしている猫の呼吸数は一分間に50回以上、苦しそうに呼吸します。非常に注意深く扱わなければいけません。

飼い方による危険度チェック⑱

危険度10

外出自由である

外を出歩くことの出来る猫は、自由である反面アクシデントに遭うリスクもかかえています。最も危険なアクシデントは交通事故です。車とぶつかればほとんどの猫は死亡してしまうほどのダメージを受けます。事故で生き残った猫に骨盤骨折や後肢の骨折が多いのは頭や胸を打たなかったからです。

呼吸困難から考えられる病気

- 胸膜滲出
- 肺水腫
- 気管の腫瘍・気管リンパ腫
- 肺の腫瘍
- 中皮腫
- 気胸
- 横隔膜ヘルニア
- 膿胸
- 猫伝染性腹膜炎

それでは呼吸困難をおこす病気についてみていきましょう。

胸《きょう》腔《くう》滲《しん》出《しゅつ》

胸膜腔内に液体が貯留すると、肺が十分に空気を含めないため、換気が十分に行えなくなります。胸腔内に液体が貯留すると、猫は運動をしなくなります。動いてしまうと呼吸困難になってしまうからです。次第に液体の貯留が増すと、胸を開かせるように座ります。腹部に力をいれる努力呼吸が認められます。開口呼吸を呈し、ときにチアノーゼが認められます。

肺《はい》水《すい》腫《しゅ》

肺水腫による気管支痙攣は呼吸困難を引き起こします。

気管《きかん》の腫瘍《しゅよう》・気管《きかん》リンパ腫《しゅ》

開口呼吸のチアノーゼを呈する呼吸困難を現します。

肺《はい》の腫瘍《しゅよう》

腺癌や、乳腺ガンの転移病巣としての肺ガンでは、腫瘍性漏出液や、リンパ液が貯留します。セキに続く呼吸困難、体重の減少、食欲不振がみとめられる。

中《ちゅう》皮《ひ》腫《しゅ》

胸膜の細胞から発生する滲出性腫瘍です。

気《き》胸《きょう》

胸腔内に空気が貯留します。交通事故や落下事故において、胸部に外傷をおったことが原因となります。

低蛋白血症の猫は胸に水が溜まることがあります。

横《おう》隔《かく》膜《まく》ヘルニア

交通事故などの強い衝撃が、胸部に加わったことで、胸腔内に、腹腔臓器である、肝、胃、小腸がはいりこんでしまうことがあります。

猫は運動をしたがりません。また、横になって眠ることを嫌うなど運動性には異常がみられます。

◉治療

外科手術を行います。

膿《のう》胸《きょう》

胸膜腔内の細菌感染や真菌感染により、胸くう内に膿が溜まる状態です。

▼原因

ケンカによる咬み傷が胸部に至り、感染を引き起こします。また、食道内の異物が膿胸を引き起こすことがあります。

猫《ねこ》伝《でん》染《せん》性《せい》腹《ふく》膜《まく》炎《えん》

猫伝染性腹膜炎（ＦＩＰ）は、猫を致死させる伝染病の一つです。

▼原因

コロナウイルスの中のＦＩＰ

ウイルスが原因です。「コロナ」の由来は、このウイルスが太陽、または王冠の様に見えることが由来になっています。このＦＩＰウイルスは猫に下痢を起こす、猫腸コロナウイルスが突然変異したものという考え方もあります。

■伝搬

口と鼻の分泌液から感染します。ＦＩＰウイルスは不顕性感染、健康にみえる猫に存在している場合があります。子猫は無症状キャリアーの母猫から感染します。排泄物の処理にも気をつけなければいけません。

■血液検査

血液検査においてコロナウイルスの抗体価が測定できます。抗体をもっていれば、コロナウイルスに罹っている、コロナウイルスに暴露されたことがあることを示しています。ＦＩＰウイルスだけを単独に検査することが課題です。

■病気のタイプ

滲出型（ウェットタイプ）と非滲出型（ドライタイプ）の二つに分類されます。滲出型は複数の器官に化膿性肉芽腫性病変をおこします。

粘調度の高い黄色身みをおびた繊維質な滲出液が、胸腔に貯留します。伝染性腹膜炎は、漿膜と大網の炎症を特徴とする病変をつくり、腹水の貯留が主に認められますが、胸腔にも滲出液が貯留します。伝染性腹膜炎を発症している子猫は、健康状態がはっきりしません。成長期に見られる正常な体重の増加が認められず、同じ体重が数日続くこともあります。体重の減少も見られます。時として発熱が認められますが自然に平熱に戻ることもあります。この発熱が食

飼い方による危険度チェック⑲

危険度10

家の近くに車通りの激しい道がある

車通りの多い道をはさんでテリトリーを持つネコたちは生涯を通して自動車事故に遭う確率は高くなります。事故に遭う確率は車の交通量におうじて高くなりますので、このような環境で猫を飼育している人は室内飼いに変更することも考慮に入れた方が良いかもしれません。

欲の有無を決定しているようです。一日の内で、朝は平熱で食欲があり、夜は発熱で食欲が無いということがあります。このような食欲の不定を繰り返し、ついに食欲はほとんど無くなります。胸膜炎が起こると、胸水の貯留と呼吸困難をおこします。息が苦しく、胸を開く姿勢をとりますから、その体勢を変えられず眠ることが出来なくなります。心嚢《のう》水の貯留も認められることがあります。

◉治療

効果的治療方法はありません。

■予防

FIPウイスを発症した子猫の親は繁殖を行わないことが、予防となります。

乳《にゅう》ビ胸《きょう》

乳ビ胸では、胸膜腔内に乳ビ液（乳白色の液）が貯留します。胸管のリンパ液が胸腔内に貯留した状態、胸腔外に溜まったリンパ液が、胸膜を破って胸腔内に流れ込む状態をいいます。

▼原因

胸部の主要なリンパ管が、損傷や腫瘍などで、閉鎖されてしまうことが原因となります。

乳ビ胸をおこす疾患。

心筋症、リンパ肉腫、など。

注意したい症状。

咳。

■検査

乳白色（ミルク色）の液体。

◉治療

胸腔から乳ビ液を抜くことが一次治療となります。

外《がい》傷《しょう》

交通事故などの外傷によって、リンパ液が胸くうに貯留します。

血《けっ》胸《きょう》

胸腔内に血液が貯留した状態です。胸部の外傷、肺の実質の損傷で血管が破れてしまうと、血液が胸くうにたまります。出血の部位により緊急性は異なりますが、心臓や大血管の障害、損傷は大出血を引き起こし、致死的です。出血が生存可能な場合、胸水が肺を圧迫して、呼吸をしづらくします。

猫はショック症状を呈し、粘膜は蒼白になります。

◉治療

出血のコントロールとして輸血処置と輸液、胸くうの貯留液を排液します。

胸腔《きょうくう》の腫瘍《しゅよう》

猫白血病ウイルスに起因するリンパ肉腫は、胸膜さん出をひきおこします。気管の圧迫によるセキがでることもあります。

喘《ぜん》息《そく》

▼原因

ホコリや特定不明な物質によるアレルギーとしておこります。気管支収縮がおこり、気道の閉鎖を引き起こします。この状況では肺から空気を排出することが困難となります。喘息の

発作では気道内の粘液分泌が亢進し、粘液による気道閉鎖が引き起こされますが、この状態がつづけば、呼吸ができず窒息死してしまいます。気管支喘息をおこす原因の一つとして1型過敏症反応として、免疫グロブリンEによってひきおこされる免疫疾患とかんがえられます。

喘息の猫はセキが頻繁に認められます。

くしゃみをすることがあります。

ただ、嘔吐と咳はその姿勢からでは区別がつきにくい場合がありますから、注意が必要です。

体を低くして首をまえにのばしケッケッと軽くセキをします。

朝方に咳をすることが多い。

食欲はふつうにあり元気に生活している。

咳のために胃の中の食物や毛玉がでてしまうことがあります。

◉治療

この病気は治癒することはあまり期待できませんが、薬剤でうまくコントロールできる病気です。

マイコプラズマ性肺炎《せいはいえん》

免疫不全の猫や老齢病の猫に日和見感染でマイコプラズマ肺炎が認めす。

ウイルス性肺炎《せいはいえん》

ポックスウイルス感染《かんせん》

肺炎で滲出性胸膜炎を伴う場

飼い方による危険度チェック⑳

危険度5

四階以上の住宅に住んでいる

転落事故はマンションに暮らす猫に起こります。頻繁には起きませんがひとたび落ちれば命にかかわる事故となります。実際、五階以上の階から落下して生きていた例もあるのですが、骨折はどうしても免れません。

合があります。肺炎は単独で発生する場合と、ポックスウイルスの皮膚病、顔面や四肢に痒みを伴う潰瘍病変から併発する場合があります。

◉治療

細菌の二次感染を防ぐ抗生物質と栄養維持療法を行います。

ヘルペスウイルス感《かん》染《せん》症《しょう》

肺炎は重症例で発現します。

フィラリア症《しょう》

犬糸状虫は、犬が終宿主の寄生虫です。犬の肺動脈、右心系に雄と雌で寄生し、交尾を行い、子虫ミクロフィラリアがうまれ、このミクロフィラリアが血行性に体内に回り、血液とともに蚊に吸血されます。蚊の中で二回脱皮し、感染幼虫になって次の宿主を待ちます。猫がフィラリアに罹る確率は犬よりは低いと言われています。猫フィラリア症の肺型は右心室、右心房、肺動脈に成虫が寄生しています。急性に、突然死が起こります。致死的な呼吸器障害が起こります。呼吸困難、チアノーゼ、口と鼻孔から泡沫が認められ死亡します。また、数週間以上の経過の猫には嘔吐が認められ、セキ、食欲不振、元気がなくなります。

■予防

フィラリア予防薬を一月に1回投薬します。

■診断

血液検査で抗体検査を行います。

◉治療

困難です。

肺《はい》虫《ちゅう》感《かん》染《せん》症《しょう》

成虫は終末細気管支と肺胞管に寄生します。慢性の咳が認められます。呼気性呼吸困難がみられます。

◉治療

寄生虫にたいする薬物療法が検討されます。

心《しん》疾《しっ》患《かん》

遺伝性心疾患や心不全の猫はうっ血がおこり、肺に水が貯留します。

貧《ひん》血《けつ》

赤血球が減少する事です。貧血になると、酸素を十分に体に運ぶことが出来なくなります。そこで、体は呼吸量をふやすことで代償します。また十分な酸素を運ぶために、血流量自体を増やします。

▼原因

免疫介在性、骨髄が赤血球を生成しない再生不良性、失血、などです。（詳細はP51）

ヘモバルトネラ症《しょう》

ヘモバルトネラ・フェリスは猫の伝染性貧血をおこす、リケッチア目の菌です。赤血球に寄生し、赤血球を壊すことにより、猫に貧血をおこします。発熱がおこり、食欲がなくなります。体重の減少と、運動不耐性となります。動かした後や興奮させると呼吸が苦しくなります。死

亡することもあります。

◉治療

抗生物質と抗炎症剤の投与を行います。

猫《ねこ》免疫《めんえき》不全《ふぜん》ウイルス感染症《かんせんしょう》（猫《ねこ》のエイズ）

エイズを発症した猫におこる貧血は重篤で、骨髄性貧血は骨髄の機能が障害されることにより、造血ができなくなります。全身症状の悪化による貧血には治療方法はありません。

▼原因

猫免疫不全ウイルス（FIV）はレトロウイルスのレンチウイルスに属します。

■伝搬

咬み傷によるものが主な感染経路です。ウイルスは唾液中に排泄されるため、犬歯によって傷つけられた皮膚の傷からは容易に感染します。

ケンカなどで傷を負うことがなくても、猫同士のグルーミングや、フードの共有、飲水の共有などの、密接な接触でも感染の可能性は示唆されています。子宮内、経膣感染、初乳感染も示唆されています。

■検査

エイズウイルスの抗体検査によって陰性、陽性が分かります。動物病院での簡易キット検査では、5分で結果が判明します。

■病気の末期

日和見感染症（健康な状態なら病原性はない菌）が起こります。腫瘍の発生が見られます。体重の減少、慢性的に起こる下痢、また、鼻炎、肺炎などの呼吸器疾患、口腔内の粘膜の潰瘍、難治性の歯肉炎、口内炎が起こります。

飼い方による危険度チェック㉑

危険度5

風呂場に自由にはいることが出来る

風呂場は意外に危険な場所なのです。水を張った風呂桶は、溺れる危険が充分ありますし、沸かしたてのお風呂に落ちれば火傷する可能性もあります。多くのアクシデントはお風呂のフタに乗った猫が、フタごと水の中に落ちて起きています。シャンプーなどの化学物質が体につくこともあります。これらの容器は、猫の手の届かないところへおきましょう。

発情が激しいから考えられる病気

●猫は交尾排卵といって、交尾の刺激で膣が刺激されることによって排卵がおこります。

猫は人間や犬のような自然排卵ではなく、交尾排卵といって、交尾の刺激で膣が刺激されることによって排卵がおこります。発情は性成熟する年齢の6か月ぐらいからみられます。発情開始の2~3日前に卵巣ではエストラジオール分泌に伴う、卵胞の急激な成長がおこります。発情の開始は、エストラジオール濃度のピーク時か、その後の急激な低下時におこります。猫は交尾をしないかぎり、排卵（卵巣からの卵子の放出）せずに発情をつづけていきます。

発情の強さは、猫それぞれによって違いますが、一般的には大きな声で持続的になく、体を床にこすりつけてころころ回転する、色々な物に体をこすりつける、頸の付け根を強くつまむとお尻をあげる、男性の飼い主にべたべたとくっつく、膣から透明の分泌物が出るなどがあります。トイレでもするけれどトイレ以外でオシッコをするようになる、布団や洋服の上でオシッコをしてしまうということもあります。

このような発情形態は、同期複妊娠を可能にしています。妊娠メス猫の中には、妊娠10日目から二週間くらいで、発情がおこり交尾し、2番目の同腹の子をえます。

発情の時期、発情の長さ、発情の中休みなど、猫の正常な発情パターンを記録しておきましょう。

発情の仕方の変化がおこれば卵巣や子宮疾患が原因となっていることが一般的です。

発情異常の観察のポイント。

- 発情が長くなっている。
- 発情の休止期がなくなった。
- 発情の声が大きく、声がすれもある。
- 苦しそうにもがいているよう。
- 飼い主にべったりくっつきたがる。
- あまり眠れていない。
- 食欲が増した、あるいは減った。
- おしっこをトイレ以外で頻繁にするようになった。あるいはトイレでせず、布団にするようになった。
- 飼い主にオシッコをひっかける。
- 陰部を舐めていることがおおくなった。
- 陰部から色の付いた粘液がでている。
- 座った場所に血がついていた。

子《し》宮《きゅう》内《ない》膜《まく》過《か》形《けい》成《せい》

数回の発情を経験した妊猫にみられます。

子宮内膜炎《しきゅうないまくえん》

エストロジェンの刺激もあり、子宮内膜過形成から子宮内膜炎をおこします。

卵胞嚢腫《らんぽうのうしゅ》

発情が激しくなり、ドップラー検査で大きな卵胞形成した卵胞嚢腫が確認できます。卵巣の炎症により液体がたまります。

子宮蓄膿症《しきゅうちくのうしょう》

子宮に細菌感染がおこって蓄膿症となります。大腸菌、レンサ球菌、ブドウ球菌などが原因菌となります。子宮内膜炎が続くことにより蓄膿症へ移行する可能性も示唆されています。

子宮蓄膿症の猫は、腹部が膨満してあたかも妊娠しているようなお腹にみえることもあります。陰部から黄色い、時に血の混じった分泌液が出てくる猫もいますがほとんどの猫は陰部には変化が見られません。発熱による食欲不振や元気消失も起こることがあります。

●治療

卵巣子宮の疾患では、手術によって卵巣と子宮を摘出することが治療となります。

細菌感染により敗血症をおこしていると予後不良です。

▼検査 レントゲンにより肥大した子宮が見られます。

血液検査では白血球数が上昇しています。

危険度10

飼い方による危険度チェック㉒

体重が六キロを超えている

一概に肥満を何キロからと決めることは出来ませんが、もしあなたの猫が体重六キロを超えているようならすべての病気に対する危険度が上がっていると考えてください。室内飼いの猫でも外に出かけることと同じだけのリスクがかかっています。解決方法は減量です。

PART 3… 猫の行動学

正常行動

猫のBehavior problems（行動の問題）を理解するために、猫の正常行動を理解することから始めましょう。

リビアネコが祖先と考えられている現代の家猫は今なお野生猫の特性を隠し持っています。特に小齧歯類を補食する行動は、野生猫の進化を通じて現在の猫に確実に引き継がれています。

猫の獲物となるネズミ（ハツカネズミ、クマネズミなど）は猫が自ら捕獲して自分一人で食べる大きさです。他の猫と協力し合って捕るものではありません。犬のようにリーダーがいて、群を作って獲物をしとめ、分け合って食べる動物とは根本的に違います。このことは、犬と違って猫の命令、しつけができないことの一つの理由となるでしょう。

また猫は一日に十匹のネズミを食べるといわれています。一日二十四時間ですから、二時間ごとにネズミを食べては眠る計算です。猫がドライフードをちょこちょこ少しずつ食べることも、猫本来の食事行動と符合しています。

肉食動物にとっては獲物をとれる環境こそが命を保てる場所です。ですから猫にとってのテリトリー意識は肉食動物が生存していくための本能の表れと言えるでしょう。猫の行動を理解するには「餌場としてのテリトリー意識」と、餌をとるための行動「捕食＝ハンティング活動」が重要なポイントです。猫の習性をよく知ることで猫の行動をより理解することができるでしょう。

猫の正常行動のパターンが猫自身の危険と隣り合わせになること

「猫は暖かい場所を好む」

猫は暖かそうな場所を探すことが特意であり、涼しい場所を探すことが特意であることは、みなさんのしっていることでしょう。猫の好む暖かい場所、パソコンのモニター上がお気に入りの猫がいるようですが、冷蔵庫の放熱部、湯沸かし器、乾燥機、炊飯器なども、猫が好む場所のようです。

以前アメリカで、シャンプーした猫を乾かそうとして、電子レンジに入れてしまい、猫が死亡したという悲劇的なニュースがありました。ここまでの事ではありませんが、乾燥機の中に猫がいることを知らずに、乾燥機のスイッチを入れてしまい、猫が火傷を負ってしまったということもあります。炊飯器に器用に眠っている猫が、ご飯が炊きあがったときの熱い湯気でびっくりしてパニックをおこす例もあります。猫が全自動洗濯機の中にとじこめられ、全コースが終わっても生きていたというビックリするニュースもあります。

居心地の良い場所を探す猫の行動が時として人間の想像を超えるときに、思わぬ事故が起こってしまうのです。自動車のエンジンルームに器用に入り込んでそれに気がつかず、エンジン

をかけてしまうと、猫がファンベルトとファンの間を無理矢理通り抜けようとして、裂傷、挫傷の大けがを負う。「ファンベルトキャット」とよばれるケースがあります。

猫の行動を知ることは、猫と生活する人にとっては必要不可欠な知識です。猫によって行動パターンは全く違うといってもよいでしょう。あなたの猫の行動パターンを出来るだけ細部にわたり、そして正確に知っておきましょう。そうすることはあなたの手で猫を危険に合わせないことにつながります。

猫の行動は警戒心と好奇心

猫は千匹いたら千匹とも全く違う個性の持ち主と誰もが思うでしょう。何匹もの猫と暮らしたことのある人も、「今までのどの猫も性質は全部違う、親子であっても、兄弟でも」といわれることが多いのです。

この、猫の性質を決定づける要素のひとつと

して「警戒心」があげられます。

猫の警戒心とは

家猫の起源と考えられているリビアネコは、夜行性で群れを作ることなく単独で暮らしています。

獲物は自分たちの体より小さな生き物、主にネズミやウサギです。彼らは自分のなわばりの中だけで狩りをして暮らし、そのなわばりに他の動物が入ることを嫌います。

同じ肉食動物でも昼間に堂々と狩りをするトラやチーターとは違い、体の小さなリビアネコは強い警戒心を持ち、他の動物が寝静まった夜にだけ行動することで、生き残ってきたのです。猫のもつ警戒心は自身が獲物にならないための、敵を察したら瞬時に逃げられるよう、猫自身の命を守るために与えられた能力です。

猫はよく野性的であると形容されますが野生動物ではありません。しかし、ワイルドキャットがもっている警戒心をすべての家猫も潜在的

にもっているのです。たとえば、病院の診察室での猫の態度はどうでしょうか。

多くの猫は「借りてきた猫」のように体を固くしたり、「家にいるときとは様子の違い」をみせることでしょう。キャリーケースから、すぐに診察台にのるでしょうか。猫たちはキャリーケースの中から外の様子をうかがいますが、けっしてすぐには出てこないでしょう。外に出そうとキャリーケースに手をいれたら、「シャーッ」と威嚇されることもあるでしょう。猫は知らない場所、日常と違う行為に、「警戒心」を全開にしているのです。

また、家のなかではどうでしょう。ドアのノックやチャイムの音だけで、タンスの上へ駆け上ったり、押入の中深くもぐりこむことはあり

ませんか。家の玄関で出迎えをしてくれる猫が、友人を連れ帰った日は出迎えてくれず、どこかへ隠れてしまって出てこないといった経験をされることもあるでしょう。花火の音に驚くことも、拡声器の音、犬の鳴き声に隠れることもあります。つまり、これらすべてが猫の警戒心によって起こる行動です。猫にとっての「非日常」は警戒すべき事柄です。

つまり、「自分にとって、危害が加わらないか、不利益はないかと計算し、瞬時に逃げられる」ようにしているのです。ですから、猫のこのような行動はごく自然な当たり前の行動なのです。「警戒心」全開の状態の猫、例えば、大きな物音に驚いてパニックになった猫を人間が抱きかかえようとしたり、猫が何らの不安から威嚇を繰り返しているときに人間が体をなでようと触ったりしたら、猫は余計にパニックを起こしてしまうことを覚えておいて下さい。警戒心全開になる原因を、人間がすべて理解出来るわけではありませんが、少なくとも自分の猫がパニックになってしまったとき、人間が出来ることは

「そっとして、猫に干渉しないこと」だけです。

この「警戒心」に人間が「過干渉」することで、猫の「攻撃性」を引きおこしてしまうことがあることを認識することが必要です。猫は何の理由もなく、攻撃的になることはありません。「原因」は人間が察知できない何かであったとしても、猫にとっては十分な理由があります。

もし、猫の体調に問題があるのであれば、獣医師の診断、治療で解決するでしょう。また、環境の変化であれば、「時間」が解決してくれるでしょう。というのも、猫は「警戒心」とともに「好奇心」も持ちあわせているからです。

猫の「好奇心」とは

猫の中には「犬のような猫」といわれるように、家にくる誰でも出迎え、足元にまとわりつく猫がいます。お客さんの膝にちょこんとすわり、ゴロゴロいう猫もいます。また子猫の時期は警戒心より好奇心旺盛で来客を喜ぶようです。

好奇心は警戒心がとれ、自分のいる環境に不

安が解消されたとき、現れてきます。たとえば、猫を初めて迎え入れた日、どこかへ隠れていた猫が、自分の居場所が安心とわかると部屋中の探検を始めます。部屋中の臭いをかぎ、いろいろなところをみて歩き、といった行動をとります。そしてなにより、私たち人間という、猫とはまったく違う生き物と生活できることは、猫の好奇心によるところが大きいでしょう。

「警戒心」と「好奇心」のバランスが猫の性質を決定づける

猫の体をなでてあげていて、突然その手に猫が噛みつくことがあります。またブラシをしていて、気持ちよさそうに目を閉じていた猫が突然ブラシを持った手に噛みつくことがあります。このことを猫の立場から解説してみましょう。

猫は体をなでてもらっていますが、もう十分とおもっているかもしれません。しかし、しばらく我慢をしてじっとしています。猫はブラシをかけられて一回、二回はきもちよいのですが、段々嫌になってきます。それでも少しは我慢してブラシをかけられています。しかし「もうやめて」と手に噛みついているとしたら、どうでしょう。人間としては、十分になでてあげたい。十分にブラシをしてあげたいのだけれど、猫としては「もう我慢できない」という時間なのかもしれません。ですから、猫にしつこさは禁物です。猫がいやがる前に、人間が察してやめるタイミングをみつけることです。

猫の性質を決定する時期に必要な兄弟との関係

猫の成長を考えるとき、母猫と子の関係は生まれてから子猫が性成熟を迎える頃まで続きますが、その間、生後二ヶ月からは子猫は兄弟との関係で猫の社会性を身につけていきます。

つまり、子猫兄弟同士で噛んだり噛まれたりすることで、自分が噛まれることの痛さを経験します。兄弟から受ける刺激は猫を猫として成長させる大切な要因となります。子猫は母親の元で生後四ヶ月までは兄弟とともに成長することが必要です。

行動の修復

行動を変更させる学習「不適切な学習の修正」

人間が行う動機づけ

子猫の時期に、身体中手で触り、子猫にじゃれさせる。食卓にのった猫に食べ物を与える。台所のガスコンロにのる猫をそのままにしておく。などの行動を猫に許しているということは、人間の子供に「1足す1は2」と教えている、つまりは、

「手にじゃれつきなさい」
「食卓にのれば、何か食べられる」
「ガスコンロに乗ってもいい」

ことを学習させていることになります。しかし、一旦これらが人間にとって不適切な行為ということになれば、「猫の問題行動」という位置づけに変化していきます。こうなってしまったら、猫に行動の修正をする必要がでてきます。「手にじゃれさせない」「食卓に乗っても何も食べさせない」「危険な場所に登らせない」です。修正には、今までの猫の学習の完全否定、やり直し学習になりますから、根気よく、ぜひ時間をかけて行ってください。修正のための猫への体罰はよいことはありません。しかし、「水鉄砲」など、猫が痛いものより「嫌がる」ものでの対応は可能でしょう。

猫の嗜好について

羊毛製品をかじる猫

ウールイーターという毛のセーターをかじっていて食べてしまう猫は昔から世界中にいるようです。これがなぜなのかという理由は現在でもわかりません。しかし、猫の嗜好性という考えが猫が口にする種々の物にたいして解説がさ

れています。また、家人が脱いだ靴下、着替えたTシャツに非常に興奮して、噛む猫もいます。

猫は草を好む　すべての猫ではありませんが、猫草を好んで口にする猫がいます。「草を噛む、草をチューイング」するのです。セロハンを好む、ビニール、輪ゴムを好む、セロハンを噛むことを好む猫、スーパーのビニール袋の音がすると一目散にかけつけて口にする猫、輪ゴムを噛んで切ることに熱中する猫がいます。これらセロハンは食べ物ではないことが明らかです。つまり、猫は「食べたい」とおもってこれらの物を「口にするのではなく」、私たち人間が「ガムを噛みたい」と思うように「何かを噛みたい猫」がいるのだという認識を持ちましょう。

　しかし、ここで問題が発生します。「食べ物で

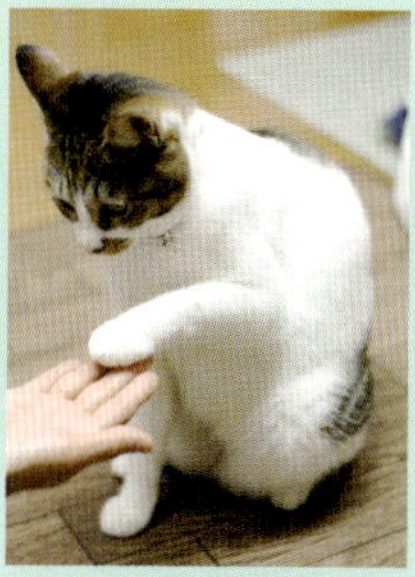

あれば、消化されますが、食べ物でない物は消化されません」セロハンやビニール、毛糸玉など、猫が喜んで噛んでいて、そのうちに、何かの拍子に飲み込んでしまうことがあります。

　飲み込んだ物が、小さくちぎれていて、便と一緒にでてくれれば、問題はありませんが、長いヒモ状のまま飲み込んでしまい腸閉塞を起こすことがあります。こうなってしまったら、「手術」をして、飲み込んでしまった物を取り除かなければなりません。ですから、猫が夢中になってかじる物があっても、それをけっして飲まないように対処することが必要です。特に長いヒモ状の物は、人間が見ていないときにはしまっておくことが賢明でしょう。

猫と生活する上で、環境を整備すること

　例えば乳幼児のいる家庭では、「たばこ」を出しっぱなしにしない。「あめ玉やビー玉」など誤って飲み込んでしまうものを手の届くところに

置かない等注意をします。ストーブを触わらせない、扇風機を触らせない等々、アクシデントに備えます。猫にもこのような考え方を持つことが必要でしょう。

「食材の嗜好」について

日本の猫は「海苔」を好むとよく聞きます。しかしアメリカでは「海苔」を好む猫の話は聞きません。というより、海苔が食卓にならぶことがないので、海苔自体を知らないのかもしれません。ただ日本の猫も海苔という食べ物を好んでいるのでしょうか。

これも歯触り、つまりはチューイングの一種として、噛んでいるのではないかと考えられます。なぜなら、海苔を何枚も食べる猫がいます。海苔の歯触りはパリパリしていて、このほかにはあまりない独特な歯触りでしょう。好む猫がいることは理解できます。海苔の好きな猫は、海苔の入っていたセロハン、ビニールも一緒に

食べてしまうという話もよく聞きます。

またスーパーの袋やダンボールをかじって困るという相談もうけます。チューイングしたい物がたまたま日本の食材であったという考え方もできるのではとおもいます。鰹節なども理由はおなじかもしれません。なぜなら、けずりぶしそのままは食べるけれど、それを煮たものは食べない猫がいるからです。

いずれにしても、猫に海苔や鰹節をあたえることは勧められる物ではありません。少しぐらい食べて問題になるわけではありませんが、ミネラルや塩分などを考えると、猫にとって不適切な食事であると思われます。

アスパラをゆでたもの、トウモロコシがゆであがった臭いにトリップする猫もいます。キュ

ウイフルーツの葉っぱやツルにトリップする猫もいます。変わったところではシップ薬や、歯磨き粉なども。こういう臭いの嗜好性については「マタタビ」「イヌハッカ」が知られていますが、しかしこれらの臭いにすべての猫が興奮するわけでも、好むわけでもありません。全く興味を示さない猫もいるのです。「マタタビ」を好む猫は約50％といわれています。この数字が高いとみるか、低いとみるかは意見の分かれるところでしょう。

猫のスプレー行動

オス猫が性的に成熟すると、スプレー行動をおこします。これは猫のテリトリー（なわばり）を示すための自然な行動です。

自由に外出する去勢していないオス猫にとっては、自分のなわばりとは、自分の子孫を残す繁殖の場ですから、その猫のもつテリトリーにしっかりと存在をアピールするためのスプレーをしなければならず、そのテリトリーが広ければ広いほど、オス猫は寝食を忘れ、スプレーをして回ります。これが、室内だけで生活している猫の場合も、同じです。部屋中にスプレーをして回ります。一旦スプレー行動が始まれば、その行動は一生続きます。

オス猫のスプレー行動については、人間と生活する上で、室内飼育の場合はオシッコの臭い、（アルカリ臭が強く、鼻につんとするような臭い）に耐えられない等の理由、また、自由外出の猫の場合は家に戻ってこない、また、猫同士の喧嘩という理由等から、去勢手術を選択します。

去勢手術によって、尿のペーハーは明らかにさがりますから、オシッコの臭いの問題は解決します。スプレー行動については、90％の猫は

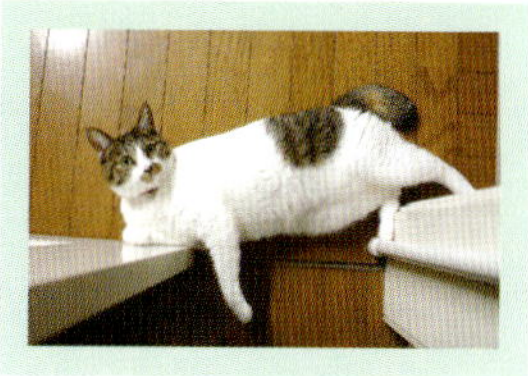

スプレー行動が止まります。しかし10％の猫にはスプレー行動が残ってしまうと報告されています。

外出する猫は、徐々にテリトリーを回らなくてはいけないという意識が薄れていき、外に出る時間が減ります。

このように、盛んにスプレー行動をしていた猫に去勢手術を施すと、急に食欲が増すというリアクションが起こることがあります。「スプレー行動をしなければならない」という意識から突然解放されて、それが「食欲」へと移ることがあります。食欲が極端に増進することがあります。こういう場合、食事の量を制限することはできませんから、低カロリーのキャットフードへの切り替えが必要になります。獣医師に相談しましょう。

このような「食欲増進」も、ある一定期間がすぎれば、猫の適量の食欲へと戻ります。メス猫の場合は、性成熟による発情により、オシッコをトイレ以外の場所でしてしまうことがあります。オス猫のスプレーよりは、大量のオシッコを、畳んだ洗濯物の上や、カバンの上にしてしまうこともあります。

これらのスプレー行動は、人間にとっては問題なのですが、猫にとってみれば自然なことです。そして、オスもメスも手術をすることで、ほぼこの問題は解決出来ます。

問題となるスプレー行動

避妊手術をした猫が何年も室内で生活していて、ある時、窓越しに猫を見たときから、部屋中にスプレーを始めてしまうということがあります。これは、治療対象となりますから、猫の行動学を学んでいる獣医師に相談してみましょう。

トイレ以外でオシッコをしているときは、第一にトイレは常にきれいなのか、確認しましょう。病気の可能性としては、膀胱炎、膀胱結石など、尿路疾患が考えられます。獣医師の診断を仰ぎましょう。このとき、「オシッコ」の検査が診断の助けになります。

猫がオシッコをしているとき、シッポを持ち上げ、お尻の方から平たい容器を差し込むようにしてオシッコをとる練習をしてみましょう。

膀胱炎なら、膀胱に炎症がありますから、尿の検査で、潜血反応が確認できます。結晶であれば、結晶成分の検査で、リン酸マグネシウム、シュウ酸カルシウムなど、結晶の成分がわかり、それによって治療方法が異なります。

また、慢性腎不全の場合には、尿の比重を検査することで腎臓の働きを評価することが出来ます。老齢の猫にとって尿検査はとても重要な意味があります。

多頭飼育の場合のオシッコ、うんち　2匹以上の猫が生活している場合、猫同士の相性で、仲がよい場合と、全く無視している場合、またはすぐに「喧嘩」になってしまう場合などがありますが、「喧嘩」する猫同士の場合は、去勢手術していても、どちらかがスプレーをはじめて、それに反応するようにもう一方の猫もスプレーを始めてしまう場合があります。

多頭飼育にメス猫がいる場合、避妊手術していても、オシッコをいたるところにする例があります。このような行動をするメス猫にとっては、自分のテリトリーに他の猫がいることを許容出来ず、自分のテリトリーに他の猫が入らないように自分の存在を示す必要にせまられての行動です。こういった行動をした猫は、多頭飼育には不向きです。

この猫が一匹で、他の猫に干渉されず安心していられる場所を作ることが問題の解決につながります。

便をマーキングとして使う猫

こういった行動にたいして、人間が対処出来なかった場合、多頭飼育の猫の一匹が、トイレ以外で便をし始めたら、問題はさらに大きくなります。

トイレ以外で便をするようになった猫は、今までの環境には「これ以上いられない」という行動を示しています。便をしてしまった猫にとっては限界の状況になります。

こうなってしまったら、この一匹には、一匹だけで生活できる環境を用意する以外ありません。

猫は単独で生活する動物です。相性が良ければ、2匹、3匹のねこでも、一緒の空間で生活することはできますが、まったく相性が合わないときは様々な問題が生じてきます。

スリスリの意味

猫はタンスにスリスリしたり、ドア、机の脚、ベットの縁など、気が付くといろいろな場所に顔をつけてスリスリしたりします。また、足元にまとわりついて頭をこすりつけたり、抱いていると胸元に頭をぐいぐいくっつけてきたりします。猫のこのスリスリ行動は、いったいどのような意味があるのでしょうか。

猫がスリスリをしたところが、黒く油っぽく染まってしまうことがあります。水ぶきすれば

簡単に落ちる物質ですが、これは猫の頬から出ている分泌物です。この分泌物は、猫のフェイシャルフェロモンといわれるものです。

猫は自分の居場所を示すマーキングの意味から、臭い付けをして回ります。猫にとっては自分のテリトリーは自分の臭い付けされた安心できる場所である必要があります。

外出先からかえった時、しつこくスリスリすることも、外で付いてきた臭いを必死に自分の臭いに付け替える行為と解釈することが出来ます。食事がほしい、遊んでほしいときにまとわりつくのとは意味が違うのです。

この臭い付けは、爪とぎのポーズで肉球あたりからでる分泌物をつける行為と同じ物と考えることが出来ます。

もし猫に「爪とぎ」が必要なら、前足ばかりでなく、後ろ足も逆立ちして研ぐはずです。しかし猫はそんなことはしません。後ろ足の爪は噛んでとるのです。ですから、スリスリする場所を人間が指定することはできませんし、爪とぎポーズをさせる場所を人間が指定することが

難しいのです。

ただ、ツメ研ぎの場所が猫のお気に入りの場所と一致すれば、用意された爪とぎで、猫はマーキングをするでしょう。

ですから傷をつけられたくない家具などには、猫がちょうど伸びをする高さまで、プロテクトすることが必要かもしれません。また、このフェイシャルホルモンの存在の解明から、猫のスプレープロブレムを予防する薬剤が開発されています。

猫は自分のフェイシャルフェロモンをつけるお気に入りの場所にはスプレーというマーキングはしません。ですから、部屋の中で、スプレーをされたくない場所、大切な家具、オーディオなどに、フェイシャルフェロモン物質に似たものを作り出し、薬剤として、これをかけて臭い付けしておくことで、猫のスプレーをさせないというものです。

100%の効果が期待できるものではありませんが、人間と生活する上でのスプレープロブレムは大きな問題です。これは獣医師の扱う薬です。猫がインドア、つまり完全室内飼いになって、猫と24時間生活するようになって、猫の行動が科学的に解明されてきています。

猫の行動には、それぞれに意味があるのでしょうが、まだまだ分からないことが多くあります。

しかし、人間にとって不都合な行動すべてを問題行動としてとらえるのではなく、猫という生き物の生態として考え、人間の出来る範囲でうまく対処する知恵が必要でしょう。

PART 4… 猫の三大成人病

成人病とは

猫の成人病について考えてみましょう。

ところで人間の三大成人病と言えば何を思いつくでしょうか。いま成人病と言われている病気は、ガンと心疾患それに脳卒中です。これらの病気は人間の死亡率の高いものから三つあげられています。

ガンは多くの人の恐れる病気ですが、遺伝子の研究が進むにつれて、運命的な病気だとばかりは言えなくなり、なにかガンが起こる因子があることが分かってきました。例えば喫煙や飲酒、特定の化学物質などガンの原因となるものが分かれば、それを生活から遠ざける事が出来ます。そしてガン細胞の発生は避けられないとしても体には免疫があるので、たとえガン細胞が出来ても小さい内はそれを免疫細胞が壊してくれます。したがって免疫の低下を防ぐことにより、ガンになることを防ぐことが出来ると考えられているのです。

心疾患と脳卒中は血管の病気と置き換えることが出来ます。動脈硬化により血管がせまくなり、そこに血液の固まりが詰まってその先の細胞が死んでしまうのです。その場所が脳や心臓であればそく、死につながります。

心筋梗塞や脳梗塞です。この恐ろしい病気につながる動脈硬化が、高コレステロールや高血圧から起こることから、食生活の改善や運動不足の解消により、予防できることはご存じだと思います。

成人病は予防できるのか

そこで猫の三大成人病を上げてみると糖尿病、心不全、脂肪肝となります。この三個の病気の共通点は五才までの若い時期にはまだ起きにくいのですが、五才から十才に至るまでに発生が多く見られると言うことです。そしてもう一つの共通点が運動不足と肥満なのです。これは特に室内飼いの猫に見られる現象です。

豊富な食事、さらに嗜好性の高いキャットフードと室内という限られた空間での運動は、どうしても肥満を誘発してしまいます。適切な食事の量と質、そして運動が不可欠なのですが、どうしても気まぐれな猫を何かの方向に持って行くには、かなりの努力が必要です。

しかしどんな病気もその病気と向き合っていく労力に比べれば、防ぐための労力は十分の一以下であることを知って頂きたいと思います。

食事の制限や運動をさせるなんて出来ないと思われる飼い主の皆さんも、病気が発生すればどのようなことをしなくてはならないか、そしてどれほど心配しなくてはならないかを知ることで、予防することがいかに効果的なことかを知ってもらいたいと思います。知ることは一番の予防策だからです。

糖尿病なぜなるのか

食べ物として取り込まれた炭水化物はブドウ糖に変えられます。ブドウ糖は猫にとってエネ

ルギーとして使われる大切な物です。筋肉を動かして歩くためにも、脳を働かせるにも呼吸するためにもなくてはなりません。

しかし食事の後大量に血液の中に存在するブドウ糖を、そのままにしておくわけにはいかないため、インスリンという膵臓から出るホルモンが血液中のブドウ糖をグリコーゲンにかえて肝臓に一時的に貯蔵したり、脂肪として貯えられたりします。貯えられたエネルギーは必要なときにエネルギーとして使われます。

毎日必要以上にたくさん食べたり、高カロリー食を続けたりすることにより、この貯えられたエネルギーを使う機会がなくなります。血液の中には余分なブドウ糖がいつもあり、そのブ

ドウ糖を貯蔵するために、インスリンも常に出続けていなければならない状態が続くのです。

膵臓のインスリンを作り出すβ細胞には再生能力がありません。これは人間も猫も同じ事です。したがって一度この細胞が壊れてしまうともう二度とインスリンを作り出すことが出来なくなってしまうのです。

ゆっくり使えば一生持つはずのこの細胞も次々と入ってくるブドウ糖にインスリンを出し続ければ、猫の一生を終わる前に駄目になってしまいます。

五才を過ぎた頃にまで肥満を続けていると、インスリンを産生する細胞は一つ又一つと壊れていき、とうとう血糖のコントロールが不可能になります。この状態が糖尿病です。

糖尿病の見つけ方

糖尿病をどの段階で見つけることが出来るかは、その猫の寿命を決める大切な要因です。

太り始めている猫がその第1段階であれば、

免疫が下がり合併症を起こしている状態が最終段階といえます。もし第1段階の時に飼い主に糖尿病の認識があれば、その猫は糖尿病を回避できるだけではなく天寿を全うすることも十分可能です。しかしあなたの猫が最終段階の糖尿病なら、寿命は残念ながら一ヶ月を切ってしまうかもしれません。早期に病気の認識をしなくては猫を守ることは出来ないのです。

では第1に、飼い主であるあなたは自分の猫に何をすればいいでしょう。まず体重を正確に計ることをお勧めします。オスやメスにかかわらず、とにかく体重が六キロを超えていたら糖尿病の第1段階だと思って下さい。太っていると言うことはインスリンをたくさん出さなくてはいけない状態にあるからです。

猫の適正体重については前述したとおり、一歳の時の体重から15％までの増加を目安にして下さい。そういった意味で体重が六キロを超えていれば、ほとんどの猫は肥満であると言ってもいいのです。

過体重により運動量は落ちます、食欲は変わりませんから、ここから肥満は加速的に進み七キロに達することもあります。興味深いことは、多くの人が六キロの猫を肥満であるとは思わないことです。

猫の体は柔らかく柔軟なので、見た目の体型からそう感じることは人間の感性からは難しいことなのかもしれません。むしろかわいいと感じてしまうことが多くあるのです。

糖尿病の第二段階は血糖値の上昇が見られるようになります。血糖値は満腹時でも１４０mg/dl以下でなくてはなりません。これは血液検査をする必要がありますので、病院で獣医師に頼む必要があります。定期検査の時に相談するとよいでしょう。

糖尿病の猫の生活

もし、あなたの猫が糖尿病になったらどのような生活になるでしょうか。食事療法とともにインスリンの注射が必要になるでしょう。

注射は一日二回以上決められた時間に行うことになります。インスリン注射の後には必ず食事をさせます、低血糖を防ぐためです。毎日注射をしながらも定期的に病院に通って血糖の測定をしなくてはなりません。このように糖尿病は大変な労力と時間が治療にかかります。

そして残念なことに完治はしません。この状態が一生続くことになります。金銭的な出費も多くなることを理解しなければなりません。

成人病としての心不全

遺伝上の問題で心臓の構造のどこかに異常があって、血液が正常に流れない心臓病とは別に、後天的に心臓自体が弱ってきて血液循環が悪くなる成人病としての心不全があります。

心不全とは血液が十分に体を巡らない状態を言います。血液が巡らないと動くことに疲労感をおぼえ猫はあまり動きたがらなくなります。

食欲や見た目には変化はなく一見健康そうにも見えるのですが、いざ動くとなると筋肉は十分な酸素を得ることが出来ません。そのような猫の多くは、一般に肥満状態であることが多く、食事とトイレにしか動くことがなく、あまりはしゃいで走り回ったりしません。いつも寝てばかりいるという印象を飼い主は持ちます。

人間は心不全の初期症状として、運動すると息切れがするといわれます。犬の場合は、散歩の途中立ち止まったり、歩けなくなったりすると、飼い主が獣医師に訴えをすることがあります。しかし、猫の場合このようなことを言う飼い主はあまりいないのが現状です。なぜなら、猫は自分で運動を調節するため、決して無理な運動をしないからです。

しかしその事がかえって猫の心疾患を見逃してしまう大きな原因となっています。肥満から起きる心疾患は心臓のポンプとしての負荷が増えることで起きています。自分の心臓にあわない大きな体を持つと、心臓は初めのうち収縮力を高めるために強く拍動します。

次に拍出量を高めるため心臓の内側の容積を

大きくするようになります。心臓は肥大し筋肉は薄くなるのです。このような状態は超音波検査により知ることが出来るのですが、このような変化は、猫の外見からは想像も出来ません。

心臓の筋肉が薄くなると収縮力はさらに衰えいよいよ心不全となります。人間でしたらこの病態では「むくみ」という現象が起きますが、猫ではこの症状は出にくく発見が出来ません。

心不全の危険な状態

このような状態の猫に次に起きることは肺水腫です。余分な水分が体の外に排出されなくなると、肺の中に水を含んだ状態になります。これが肺水腫です。

猫は一生懸命呼吸をしますが、肺が水を含んだ状態になると、十分に酸素が体に行き渡らず動けなくなります。さらに水が溜まれば呼吸困難となり死に至るのです。

肥満の猫の見えないところで心臓の変化がおこり心不全となり、命の危険に曝されることを

多くの飼い主は知りません。
肺水腫は、獣医師の診断を受ければレントゲンや聴診でその異常はすぐに分かります。利尿剤や循環を改善させる薬で、肺の水を追い出すことが出来れば救命されます。

脂肪肝とは

脂肪肝とは、肝臓の細胞の間に脂肪がたくさん入り込んだ状態をいいます。脂肪自体は悪さをしませんが肝臓の細胞が周りから押しつぶされて働きが悪くなります。

さらに症状が進んで正常な肝細胞と脂肪細胞が入れ替わると、肝機能は著しく低下します。肝不全が起きてしまうのです。

フォアグラと言えば世界の三大珍味の一つです。フォアグラとは、人工的に食事を管理されたガチョウの肝臓ですが、これがまさに脂肪肝です。脂肪をたっぷり含んだ肝臓はとても美味しく感じられますが、猫の肝臓にはいいことは一つもありません。

●栄養過多による脂肪肝

脂肪肝に含まれている脂肪は中性脂肪で、中性脂肪は肝臓で作られるのです。肝臓で作られた中性脂肪は血液の流れに乗って体中でエネルギーとして使われるのです。

ところが血液にすでに十分な中性脂肪が含まれている場合、肝臓は作った中性脂肪を外に出すことが出来なくなり、肝臓に脂肪が溜まるのです。栄養は生き物にとって不可欠ですが、それが処理しきれないぐらい多くなれば体に不都合が起きてしまいます。

このように栄養が過多になり起きる脂肪肝を過栄養性脂肪肝と言います。このような猫の血液検査をすると中性脂肪やコレステロール、GOT、GPTの上昇がみられるのです。

このような猫は過体重であり肥満傾向にあることが多く見られます。

●栄養障害性脂肪肝

糖質と脂肪などの栄養をとりすぎて起こる脂肪肝ですが、反対にタンパク質などの栄養が足りなくても脂肪肝が起きることがあります。

これは栄養障害性脂肪肝といいます。脂肪をきちんと代謝するには良質なタンパク質が必要です。もしタンパク質が足りなければ脂肪は肝臓から出ることが出来なくなり脂肪肝になってしまうのです。

猫のような肉食動物は動物性蛋白《たんぱく》が必ず必要な動物です。三日間何らかの理由でタンパク質を取ることが出来なければ、脂肪肝が発生することが分かっています。

ですから、捨て猫の状態で保護された猫が、タンパク質の不足から脂肪肝を発生することも多く見受けられるのです。

そして飼い猫で飼い主が十分に餌を与えている状態でも、餌の質が悪ければ脂肪肝になってしまうことがあります。

質の悪い餌とは、動物性蛋白に乏しく脂肪分の多い食事です。キャットフードの場合、安価な物ほどこの傾向が強いので注意が必要です。

栄養障害性脂肪肝の猫の場合、過体重や肥満が見られないことが多いので外見からの推測が難しいのです。

PART 5…猫の三大老齢病
（腎疾患の遺伝病を含む）

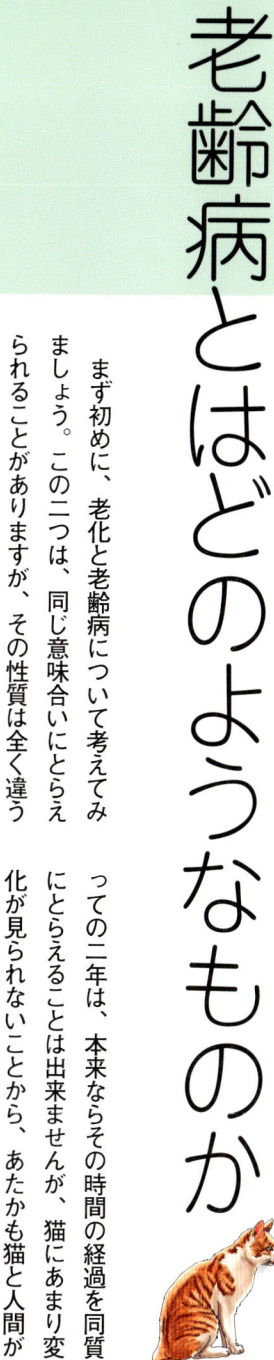

老齢病とはどのようなものか

まず初めに、老化と老齢病について考えてみましょう。この二つは、同じ意味合いにとらえられることがありますが、その性質は全く違う物なのです。

八歳から十歳以上の猫を老齢猫といいます。猫の寿命が十五歳といわれている現在で、ちょうどその半分ちょっとの年月がたった頃です。猫は生まれて半年もすれば、性成熟し、一年たてば大人の猫になります。

その後、若猫期から、数年、およそ五年たてば中年猫期になりそして、初老猫期に入っていきます。たった十年ほどの間に、猫は確実に老いに向かっているのです。この時期猫の体つきやその態度にははっきりとした変化が現れるわけではありません。

五歳の猫も健康であれば、三歳の時と同じように遊びます。人間にとっての二年とネコにとっての二年は、本来ならその時間の経過を同質にとらえることは出来ませんが、猫にあまり変化が見られないことから、あたかも猫と人間が同じスピードで生きているような錯覚をしてしまうのです。

しかし、猫の身体は、すでに中年期を迎えています。この時期の猫は「生活習慣病」つまり、猫にとって不適切な食事や量の取りすぎをしてきた何年かの付けが「身体の変化」として現れる頃となります。例えば「内臓脂肪」がついてしまう病的な肥満などが一つの特徴です。

また、口の中をみれば「歯石」がついている頃です。個人差もありますが、歯石は早ければ二歳位でもデンタルケアをしてクリーニングする場合もあります。歯石は細菌の塊です。細菌が口の中にあって毎日飲み込んでいることが身体に悪影響を及ぼさないわけはありません。

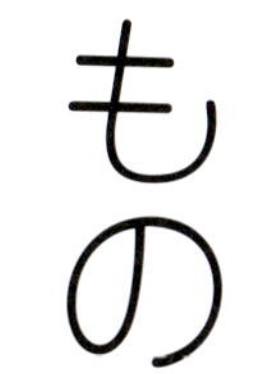

気づきにくい老齢病の変化

このような、猫の身体におこった「健康を害する状態」を、必要なときに修復していくケアをしていく必要があり、これを怠ることは、後のちの猫の健康に大きく関わってきます。

ここでいう、「老化」とは青年期、中年期において適切なケアを受け、さらに歳をとっていくけれども、健康な十歳から十五歳のネコの状態です。

どこも痛くなく苦しくなく、しかし、運動性が低くなり、寝てばかりいるといった変化は見られますが、毎日ちゃんと食欲がある状態です。

内臓については特に腎臓に変化が現れますが、猫の場合は「腎臓の寿命が猫の寿命」といわれることもあり、この腎臓については、老化であり老齢病でもあるという考え方ができるかもしれません。

老化は進行していくもので、不可逆的な変化です。医療でのコントロールは出来ますが、全く元通りに、若い頃の身体に戻すことはできません。

「老齢病」とは老齢になったときに起こりうる病気です。猫は十歳をすぎると、癌の発生率が格段に上がります。他にも様々な病気がありますが、老齢期におこる病気については治療方法があり、完治を見込める事もあります。

つまり、人間もそうですが、老人が病気になって病気の治療をうけるのと同じなのです。老猫におこる治すことのできる病気については、可逆的な変化、これは病気になる前の状態に戻すことができるものです。

「歳をとっているのだから、食べられないのは当たり前、動かないのは当たり前」

「十五歳だから、二十歳だからもう老衰でしょう」

しかし、病気であれば若かろうと歳をとろうと、治療することが必要となります。もし八十歳の老人が虫歯になり病院にいったとします。医者がもう歳だからしょうがないですねと言う

でしょうか。そんなことはありません。猫だって同じです。猫はとたんに十五歳になるわけではありません。老齢の猫も生まれたときから徐々に老化が始まっているのです。

つまり、「健康な老い」を迎えるためには、若いときからの医療サポートが不可欠なのです。そしていざ「老化」を迎えたなら、家族のできるケア、自宅でケアのできることが沢山あります。

老齢期を迎えるにあたっては、あなたの猫の状態を的確に判断し、サポートできる主治医との連携がとても大切になってきます。

最も代表的な老齢病の慢性腎不全

腎臓の行う重要な仕事は血液中に含まれる有害な老廃物の除去と、再利用可能な物質の再吸収です。

体内において、食物の消化吸収の過程で生じた老廃物は、体内に蓄積すると、有害な作用を引きおこします。そこで腎臓は、この老廃物を速やかに体の外に出す仕事を司っています。

血液を濾過する過程で再生可能な物質も濾過されてしまうため、濾過後、再吸収も行います。体に必要なものは残し、不必要な物を捨てるという選択をするわけです。（以下血液の濾過という表現になります）

そこですこし専門的になりますが腎不全について理解するためには、まず初めに腎臓の仕組みについて理解することを始めましょう。

私たち人間の腎臓もネコの腎臓も基本的な仕組みは同じです。

腎臓は左右一対、猫の背中側にあります。長さは3～4㎝、幅は2～3㎝のそら豆状の臓器です。腎臓を触診することで標準の大きさより少し小さく感じたり、大きく感じたり、表面の不正を感じたりと、腎臓の形態の変化を知ることができます。また、レントゲン撮影や、超音波ドップラーによって、腎臓を評価することも出来ます。

腎臓の構造について

腎臓は腎皮質、腎髄質、腎盂からなります。腎皮質には腎小体があり、腎小体は糸球体とボウマン嚢からなります。腎小体と尿細管を合わせてネフロン（１０３P参照）といいます。尿細管はボウマン嚢から、近位尿細管、ヘンレ係蹄、遠位尿細管に続く遠位尿細管は集合尿細管に接続し、集合尿細管は集まって集合管になります猫の腎臓の全ての「ネフロン」は長いヘンレ係蹄をもっている。

この特徴は、猫が優れた尿濃縮能をもっていることの証になっています。ネフロンの数は人間が10万個であるのに対して猫は僅か2万個しかありません。腎臓の機能はどのようなものなのでしょうか。

オシッコを作る場所であることはよく知られています。すこし専門的な表現をすると腎臓は血液中の老廃物や不要な物質を取り出し、尿として排出することがおもな役目の臓器です。「糸球体は網やザルのような物」「尿細管は選別回収場所」と理解してください。

尿細管では、糸球体で濾過《ろか》された物質の中から体に必要な物を回収していきます。ブドウ糖、アミノ酸などエネルギーの元になるものを、糸球体で濾過されているので、全て回収します。

専門的に解説すれば尿を排出するためには、糸球体で「濾過」と尿細管で「再吸収」という働きがなされます。

つまり、腎臓では、腎動脈が運ぶ血液から「老廃物」を尿細管に排出し、身体に必要な成分を再吸収して、腎静脈から運びだしているのです。

糸球体で濾《こ》された尿は、近位尿細管でアミノ酸、ブドウ糖、水、ナトリウム、カリウムイオンなどイオン類が再吸収されます。ヘンレ係蹄、遠位尿細管では水、ナトリウム、等が再吸収されます。

集合管でも水の再吸収がおこなわれます、またここでは体液に解けているナトリウムの濃度

が濃すぎて、体液の量が減少すると、脳下垂体から抗利尿ホルモンが分泌され、水の再吸収を盛んにします。

このように、尿の産生と排出、体液の調節する働きとともに血中のナトリウム濃度の調節や、エリスロポエチンを分泌して骨髄の造血機能を促進する、などの働きなど、腎臓には様々な機能があります。

腎臓は再生不可能な組織

このような腎臓の働きに障害が起きることを腎不全といい、慢性腎不全の原因となる腎臓の障害は不可逆性です。

つまり、腎臓の構成要素の糸球体、尿細管など、どれであっても「ネフロン」のどの部分が不可逆的に障害されても、「ネフロン」全体の機能不全につながってゆきます。両腎の約75パーセントが機能していない場合、腎不全がおこります。

腎不全を早める要因

体内で生じた老廃物を捨てるには、糸球体での濾過から始まるわけですが、この血液を濾過する機能が落ち、老廃物を十分に排泄出来ない状態を腎不全といいます。

原因としては腎炎、腎盂腎炎、腎嚢胞、腎萎縮などがかんがえられます。またウイルスとして、FIP、FeLV、FIVなどの感染。腎毒性を持つ薬の投与として、抗生物質の一部、dl－メチオニンなどの尿酸化剤、抗腫瘍薬などがありますが、これらは全て獣医師の処方によるものですから、腎不全の猫に投与することは避けられるでしょう。

腎毒性のあるものとして忘れてならないものにエチレングリコールがあります。車の不凍液に使われる物ですが、寒冷地で冬に車庫に出入りした猫が不凍液による中毒を起こす例は、世界中で起こっています。

アミロイドーシスはアビシニアン、オリエン

タルショートヘアに他の猫より多く発生するとの報告があります。この腎アミロイドは腎の髄質に沈着し、糸球体にも沈着します。アミロイドーシスは家族性であるといわれています。

多嚢性腎疾患（ＰＫＤ）はペルシャネコなどの長毛な猫に多いと言われています。皮質、髄質の嚢胞は加齢とともに増大していき、進行性に腎臓の機能を低下させていくものです。

この多嚢性腎疾患は少なくとも一方の親がこの病気に羅患しています。つまり遺伝病であることが分っているので、このような疾患をもっている猫の繁殖を行うべきではなく、また繁殖を目的の猫にたいしては、どのような場合もこの多嚢性腎疾患でないこと確認する必要があると、動物愛護の先進国である欧米では考えられています。

またリンパ肉腫や、甲状腺機能亢進症との関連性も考察すべきでしょう。このように、原因を挙げてきましたが猫の腎不全を起こす原因、もしくは要因の中には、人間が注意を怠らず、正確な知識を持っていることにより、未然に防げるものが数多くあります。

腎不全をコントロールする

慢性腎不全は何週間から、何ヶ月、何年という期間にわたり発現します。このことは、ネコが慢性腎不全になってからも何年もの間生存する可能性があるということになります。これは、腎臓の機能の75％を失っても、残りの25％で腎臓が働き猫の命を延ばしてくれるのだと考えることができます。その為には、残りの腎臓には、出来る限り負担をかけずにその機能を保つことが必要になります。

猫という生き物と腎臓の機能

猫の腎臓の特徴として、長いヘンレ係蹄があることを最初に書きましたが、これこそが猫の驚異的な尿の再吸収を行う場所です。

ウエットフードを食べさせていると、猫はほとんど水を飲まない事があります。毎日水を新しく換えても、どうも減っていないので、病気なのではないかと心配する人もいます。ウエットタイプのフードはその容量の70パーセント以上が水分ですから、ある猫にとっての水分は充分に足りているのです。ドライフードを食べている猫の場合の水分は数パーセントですから、水として摂取する必要があります。

あるデーターによれば、猫の水分摂取量は一日体重1キロあたり少なくとも50から60㎖とあり、これから計算すると4キロの猫は２００㎖以上の水を飲むことになりますが、実際にはこれほどの水を飲むのは猫が慢性腎不全になってからであって、多くの猫はこれほど飲水していないように感じています。つまり、猫の腎臓は水分を高率よく利用出来る結果、尿の濃縮力は非常に高いのです。

猫はあまり水を飲むことがないというのは、ネコのルーツをひもとくことで、理解することができます。現在私たちと暮らす猫はもともと砂漠に生きてきた動物です。砂漠には水はほとんどない、荒涼とした大地に猫の祖先は生きていました。犬と同じくらい水を飲むことが必要不可欠であったなら、砂漠で猫は生きることが出来なかったかもしれません。猫はほんの少しの水で生きられるような腎臓を持っていたことが生きることを可能にしてきたのでしょう。

ほんの少しの水を腎臓で再吸収して効率よく使うことができる腎臓は猫の優れた能力です。しかしこの能力が、時として猫に不利益な状況を起こすこと付け加えましょう。猫の膀胱に出来る結晶の問題です。

腎不全初期のサイン

尿量の増加

尿量の増加は、慢性腎不全の早期発見しやすい変化でしょう。これは、トイレ掃除の時に、「この頃、トイレ掃除を頻繁にしているよう」「猫砂の全取り替えをよくするようになった」「砂がべたべたくっついてしまって今までのよ

うにとれなくなった」

「砂の消費量が増した」

などの何らかの変化に家族が気づくものです。このようなトイレの汚れ度合いの変化を見落とさないことが大切です。

　このような状態になったら、トイレの砂は粘土質の物、いわゆる鉱物系にすることが勧められます。尿の固まり方が強固であることがその一番の理由です。

　尿量が多く、べたついてしまったら、猫がオシッコをした後に砂をかけるたびに、手足に付いてしまっては不衛生です。また、尿の固まりの大きさで、猫の尿量を客観的に観察することができて、これも重要です。そして、雑菌の混入の可能性が少ないことも、理由に加えられるでしょう。

　勿論、尿量の増加という変化の前に、老齢期に入った猫のワクチン接種の機会に、尿検査をすることやまた血液検査において、腎臓の機能の指標となる酵素をしらべることでも、腎機能の低下を知ることができます。

なぜ尿量が増加するのか

慢性腎不全の腎臓は窒素老廃物を排泄させるため、健康な時より多くの水分を必要とします。機能が低下している割合に応じて、多くの水を使うことで、なんとか老廃物を排泄しようとするわけです。ここまでは、猫が自分自身でできる慢性腎不全への対応能力です。しかし、自分で飲む水だけではとうてい足りないと、猫の体が脱水してしまいます。猫の脱水の評価のしかたは、猫の肩胛骨のあたりをつまんだとき、皮膚の戻りが悪いくなることです。猫の脱水症状について少し詳しくみてみましょう。

　猫の皮膚をテントにして、つまんで速やかに戻れば脱水はしていません。少しそのまま残ってから戻る、そのままではないが戻りが遅いという状態であれば、まだ、皮膚の緊張もありますし、脱水の速やかな補正により、この場合は皮下点滴によって脱水は補正されるでしょう。

しかし、これ以上の脱水状態として、つまんだ皮膚が硬くまったく緊張性がないという脱水では、死の目前の状態といえます。

飲水量の増加

慢性腎不全では尿の濃縮能が低下します。多尿のために更に水分が必要になっていきます。

慢性腎不全の多飲はのどが渇くから水を飲むのではなく、腎臓が老廃物を排泄するためにより多くの水を必要とするため、水分を体から絞り出してしまいます。そこで体の水分状態を平衡に保つため多くの水を飲むわけです。

このような状態になった猫は、日頃の水の飲む場所とは違ったところで飲んでみたり、水の飲み方が変ったりと、飼い主さんがその変化に気づくことがあります。

例えば、お風呂場の水、洗面器にあった水、花瓶の水、金魚鉢の水や、たまたまドアをきちんとしめていなかったトイレに入りの便座の水などを飲むこともあります。また、水道の蛇口からポタポタ落ちる水を飲むことや、シャワーから出る水を飲む場合もあります。

通常の水入れの水が数時間で空っぽになってしまい、こぼしてしまったのかと錯覚してしまうということもあります。このように水を飲む量の変化についてはとても分りやすいものです。

しかし、このように、出来る限り水を飲む努力をしても、飲水量が水分の消失に追いつかなくなってしまうと、猫の体は脱水してしまいます。またこのような状態で口の中が痛い虫歯などがあれば、思うように水も飲めず、その結果脱水します。この時期には猫がいつでも新鮮な水を飲めるようにしておくことが必要です。

ミネラルウォーターを与えるなら、軟水が良いですし、もし電解質飲料を飲めるのなら、それを与えることも良いでしょう。それから、この時期に自分の猫が一日にどれだけの量の水を飲んでいるのか、量《はか》ってみてください。

それは、猫が飲める水の量にも限界があります。２００cc、２５０ccの水を飲める猫はいますが、３００ccも４００ccも水を飲める猫はい

ないでしょう。つまり、猫が自分で飲める水の量を飲んでいても、体が脱水するのなら、給水手段を補液、つまりは皮下点滴に切り替えなければなりません。

腎不全中期に始めること

尿比重の段階的チェック

腎臓の機能を知る上で尿検査はとても多くの情報が得られます。猫は尿の高い濃縮力があるのですが、この事は、尿の比重をはかることで、客観的に判断出来ます。

健康な猫の比重は1・035以上です。慢性腎不全の猫はこの比重がさがってきます。この検査は四ヶ月か半年に一度行うとよいでしょう。腎臓のモニターが出来ます。ただ、脱水を起こしている猫では、比重が高くでてしまうことがあるので、脱水を補正してから、はからなければ、正確ではありません。

慢性腎不全の猫の尿比重が低くなることで、細菌が感染しやすくなることも知っておくことが大切です。

細菌感染が疑われる場合は、検査センターにおいて尿を培養し、細菌を確定することが肝心です。つまり、慢性腎不全のネコに抗生物質を投与する場合も、健康なときよりなお注意深く薬を飲ませる必要があります。

検査センターでは、細菌の培養も、その細菌に効果のある抗生物質の薬剤感受性試験を同時に行います。こうして、きちんと効果を期待できる抗生物質を飲ませることができます。それが、老猫の体に最小限の負担で最大限の効果を上げる方法です。

過剰な塩分の摂取量を制限する

塩分（NaCL）が体内に入ると、その血管の中に貯留し、この血管にある塩分が、水（H_2O）を呼び込み、血管の中に水をとどまらせます。

その結果全体の血液の量がふえて、その結果血圧があがります。

例えば風船に水をいれたとします。風船にどんどん水を入れると圧力があがりますね。このことと同じです。血圧が上がれば、心臓はそのぶん余計に働く必要が出てきます。余計に働くということは、それだけ心臓にも負担がかかってくるわけです。

このような意味合いとともに、猫の慢性腎不全では、多尿がおこり、代謝的に水を飲む量が増えている訳ですから、塩分をとることで、なお一層水を飲む必要に迫られるわけです。しかし、猫はもともとあまり水を飲む動物ではありません。

猫のこのような特性からも、過剰な塩分の摂取をすることは猫の体にとって不利益以外の何者でもないのです。

老齢になってから塩分が不適切であると分ったところで、猫の「嗜好性」の問題が、立ちはだかることがあります。人間であれば、腎臓が悪いとか、血圧が上がり、心臓に負担がかかるで「塩分」を制限する必要を医師に告げられれば、自分の体の事を考えて、塩分を制限した食事をとることが出来るでしょう。しかし、猫はそうはいきません。

生まれたときから、嗜好性の高い、つまり、猫の嗜好性を満たす物は、過剰な塩分や脂肪や添加物などですが、これら塩分の高い食事や、塩分や脂肪で嗜好性だけを高めた質の悪いキャットフードを食べ続けた猫が腎不全になっても、正常な塩分のキャットフードを食べることができません。

そういう猫の嗜好はまるで「高塩分依存症」と表現出来るほどです。

あえて依存症というのは、このような嗜好の猫は、猫の健康を考えて正しく作られたキャットフードを全く食べる事が出来ません。

若い頃の食生活が慢性腎不全になる時期を早め、慢性腎不全になっても、腎不全をコントロールするキャットフードすら食べられなくなってしまいます。

腎不全後期の医療

輸液療法

猫の生活の質を改善するために、慢性腎不全をコントロールするために行うのが輸液療法です。飲水だけでは体液の損失には追いつかなくなった場合、輸液に切り替えます。

この方法は皮下輸液であり、自宅でできる方法です。猫に輸液が必要になりそうな時期の判断は、あなたの猫を注意深くみている主治医であれば出来ます。

そうなったら、何回か、皮下点滴の仕方を指導してくれるでしょう。そうして、出来るようになったら、自宅で行います。輸液の量は一定でもかまいませんが、出来るなら体重を量り、脱水している分の量をいれることがよいでしょう。

体重計は赤ちゃんの体重計を使います。大人用では、猫の脱水の量というような細かい数字が分りません。輸液をすることで、電解質の補給にもなり、体液のバランスを保つことができます。その猫の状態にあった輸液を選ぶ事が大切です。

低カリウム血症

慢性腎不全の猫には低カリウム血症が生じることがあります。低カリウム血症の猫の特徴的身体変化は、「頭が下がってしまう」ことです。

猫がトイレや食事に移動するときに体がふらついたり、よろよろとしていたり、頭が下がっていますから、沈鬱に見えたりします。人によっては歳のせいでヨボヨボになったと印象をうけるようです。しかしこういう状態を呈した猫であっても「カリウムの補給」をすることで、低カリウム血症を改善すれば、元のピンとした体勢にもどり、頭を上げてしっかり歩くことができます。

食事の摂取量の不足や多飲多尿の状態、腎臓での過剰なカリウムの排泄、嘔吐などが低カリウム血症をおこす要因と考えられます。

慢性腎不全では、カリウムの値をモニターし、低カリウムになった場合はカリウムの補給が必要です。しかし、その慢性腎不全が進行し、尿の出来ない状態、つまり少ない尿、無尿の状態になれば逆にカリウムがあがり高カリウム血症になります。

猫の場合は、低カリウム血症の方が多く見られますが、高カリウムという状態は生命にとって大変危険な状態であり、心臓を停止させます。

体重の減少

体重は徐々にですが減少していきます。食べても栄養が抜け落ちてしまうからです。この時期には尿にタンパクがでてきます。体の中にとどまるべきタンパク質であるアルブミンが抜け落ちてしまうのです。

このころになると、毛のつやがなくパサパサになってきます。抜け毛をとってあげるためにも、きちんとブラッシングをしてあげましょう。

また、後ろ足の爪を自分で剥くことができなくなるネコもいます。飼い主さんが剥がしてあげましょう。

腎不全末期
尿毒症

腎不全の進行により、腎臓は体内の老廃物を充分に捨てることが出来なくなります。その結果、体には不必要なもの、体にとって有害なものがたまってしまいます。

尿素窒素（BUN）、クレアチニン、リン、窒素含有化合物、尿毒症性物質などの物質が体にたまってしまうのです。これを尿毒症といい、この症状があらわれる頃になると、毒は体内にまわり心臓、肝臓、胃腸など他の臓器も毒に侵されその機能が低下していきます。

腎臓では、体を酸性やアルカリ性に傾かない調節という働きがあります。この働きが出来なくなると代謝性アシドーシスという状態になってしまいます。以下はその調節が出来なくなったときに起こることです。

酸が体にたまって酸性になると有害物質はよけいに強い働きをします。そこで代謝性アシドーシスの有害作用についても知らなくてはなりません。この状態は酸を排泄する腎臓の機能が低下した結果おこります。

腎臓のリン排泄量が減少すると、つまり不必要なリンが捨てられないと、水素イオン排泄量が低下し、尿中重炭酸イオンが低くなります。酸が体にたまることで食欲不振、体重減少、嗜眠などの作用が現れてきます。

この事については、「高リン酸血症」を軽減することが必要になってきます。

高リン酸血症

リンはほとんど腎臓からしか排泄されないので、腎機能が低下すると、血液中のリンがあがります。リンについての説明には同時にカルシウムとの関係をお話しする必要があります。

血液の中ではカルシウム×リン＝一定という法則があります。ですから、血液のリン濃度が高くなれば、カルシウム濃度が低くなります。すると、上皮小体ホルモンの分泌が刺激され、リンの腎排泄が促進され、カルシウム濃度が上がりますが、カルシウムが軟部組織に沈着してしまうことになります。

腎組織にカルシウム沈着が及べば腎機能はいっそうの低下になります。これを腎の上皮小体亢進といいます。このような理由からリン制限食の給与が必要になります。また、リンの含まれる食事の制限、リン結合剤の投与もできます。血液検査でリン、カルシウムとも簡単に測定することが出来ます。

老齢期になったネコの腎臓機能の評価には、リン、カルシウムの計測が必須の項目に加わります。

著しい体重の減少

猫はこれ以上やせようのない骨と皮の状態にまでやせていきます。5キロだった猫が2キロにまで体重が減少していきます。こうなった場

合は、猫の体に蓄えとしての栄養は残っていません。今日食べた食事は今日のため、点滴も今日のためという感じになります。しかし、このような状態には、より一層の適切で注意深い輸液と食事が大切です。

慢性腎不全に伴う腎性貧血

血液検査により貧血を知る

慢性腎不全の猫に貧血が見られることがあります。赤血球が少なくなることを貧血といいますが、猫の場合は、Ｈｃｔ30～35％が必要となります。ですから、これ以下であれば貧血であるといえます。

運動の減少

赤血球は酸素を運ぶという役目もありますから、貧血になった老猫が動かなくなったり、寝てばかりいたりすることも、「貧血の起こっているサインかもしれない」と考える必要があるでしょう。

では貧血の猫がなぜこのような状態になるのでしょう。それは、人間が高い山に登ったとき、空気の薄いところでは息苦しい経験をしたこと、また人から聞いたことがあるのではないでしょうか。猫の貧血もまさに空気の薄いところにいることと同じです。少々動くことは出来ても、走ったりしたらすぐに苦しくなってしまうでしょう。充分な酸素があれば、激しく動く体力がある猫であっても、貧血であれば、動くことを自分で制御しますし、寝ている方が息苦しい思いもせずにすみ楽なのです。

赤血球は骨髄で作られますが、骨髄において、充分な赤血球か作られるには鉄分、充分な栄養、そして腎臓で作られるホルモンのエリスロポエチンが必要です。まずはあなたの猫の血液検査をしてみましょう。そして貧血の有無を確認することが必要です。

慢性腎不全の猫に起こっている貧血であって

も、原因は様々です。

骨髄機能の低下によるもの、猫白血病、猫エイズなどの伝染病、赤血球に寄生し溶血をおこす寄生体の感染、溶血をおこすような食べ物の摂取、毒物の接種等々、が考えられます。

食欲の低下

尿毒症により、食欲の不定が現れます。食べたり食べなかったり、毒素が中枢神経に影響を及ぼし、食欲がわかなくなります。猫が食事にたいして、食べる意識を完全に無くしたかにみえます。そこで、食欲を高める方法として、貝のゆで汁やブイヨンのスープなどを与えることがすすめられます。

増血剤の使用

エリスロポエチン製剤

エリスロポエチン製剤は人遺伝子組み換えで合成された物ですが、猫にとっても、腎性貧血の改善が期待できるものです。しかし、全ての猫に効果が上がるという物ではありません。主治医とよく相談し、その使用を判断してください。

慢性腎不全の治療

進行阻止の目的のため、食事療法があります。尿素窒素を吸着して、便とともに排泄する活性炭のような薬剤があります。水分補給が重要です。適切なタンパク質の摂取が必要です。

人間では、タンパクの制限が、不可欠のようですが、肉食動物であるネコに与えるキャットフードのタンパクを制限してしまっては、生命を維持するための活性がなくなるおそれがあります。

この慢性腎不全のネコの栄養学については、専門家に委ねますが、現状では、良質な動物性タンパクを原材料とした、処方食のキャットフードが腎不全のコントロールに効果があるようです。

治療の進め方

慢性腎不全はそのコントロールが大切ですが、その仕方にはコツがあります。それは自宅で行う事です。慢性腎不全の猫の入院での強制治療は、すぐに命の危険性がある場合を除いてお勧めできません。

これは猫の性質を考えたときのアメリカのキャットドクターの見解です。つまり、猫は入院という環境の変化に弱い生き物であること。入院によって、警戒心から、飲まず食わずの状態になること。

若い猫であれば、なれるまでという間がもてますが、慢性腎不全の猫にとっては飲まず食わずの状態は腎不全を増悪させます。と同時に、入院によって排泄排便もしないような状況を作り出すことは、腎不全を悪化させる以外のなにものでもありません。

急性腎不全の治療は病院での早急な治療が効をそうしますが、慢性腎不全はまったく別であることを理解しましょう。そして、慢性腎不全の治療は猫の生きる質の向上を目的としていること、そして愛する猫の死を出来うる限りの尊厳をもって受け入れるための治療です。

ガン

猫のガンの発生率は加齢とともに高くなります。とくに十歳をこえると、ガンの発生が格段に高くなるようです。ガンというものは一体どういうものなのでしょう。

人間にとっても死亡原因の上位を占めるガンについて考えてみましょう。

「ガン細胞」は正常細胞が突然変異してできるもの、つまり私たちの体、猫の体の中にある細胞がどうしたことかある日突然「ガン細胞に早変わり」してしまうのです。

では正常な細胞は体の中でどのような生涯をおくるのでしょう。つまり細胞にも寿命があるということです。細胞はある一定期間細胞分裂をし、役目をおえたら死んでしまいます。

「アポトーシス」といい、細胞が自殺するようにプログラミングされているといわれています。ところがガン細胞は正常な細胞とは全く違い自分勝手にどんどん増殖を繰り返すのです。

　正常な体に、ガン細胞は常に出来ては、宿主の免疫系により、駆逐されているようですが、免疫によって駆逐されることなく、生存し、増殖し続け、やがて「ガン」として体の至る所に出現するようになります。

虫歯

　口腔内の疾患は、ただ口の中だけの問題としてとどまるわけではなく、口の中にいる細菌が血行性に他の臓器へと波及させます。

　口腔内の細菌が、猫の全身性の疾患への引き金になるのです。デンタルケアは猫の健康を維持するためには必要不可欠な事です。

「口が臭い」とか、
「口の周りがなんだか黒っぽく汚れてしまっている」、
「よだれを流して、そのよだれが臭い」、

　このような症状に気付いたらきちんと治療をしてあげましょう。

　虫歯は猫も痛みを感じています。ただ人間との違いは、「痛い」と言えないことです。それでは、猫の歯、口腔内について知ることから始めましょう。

●歯式は【乳歯→26、永久歯→30】

【ネコの歯科カルテ図】

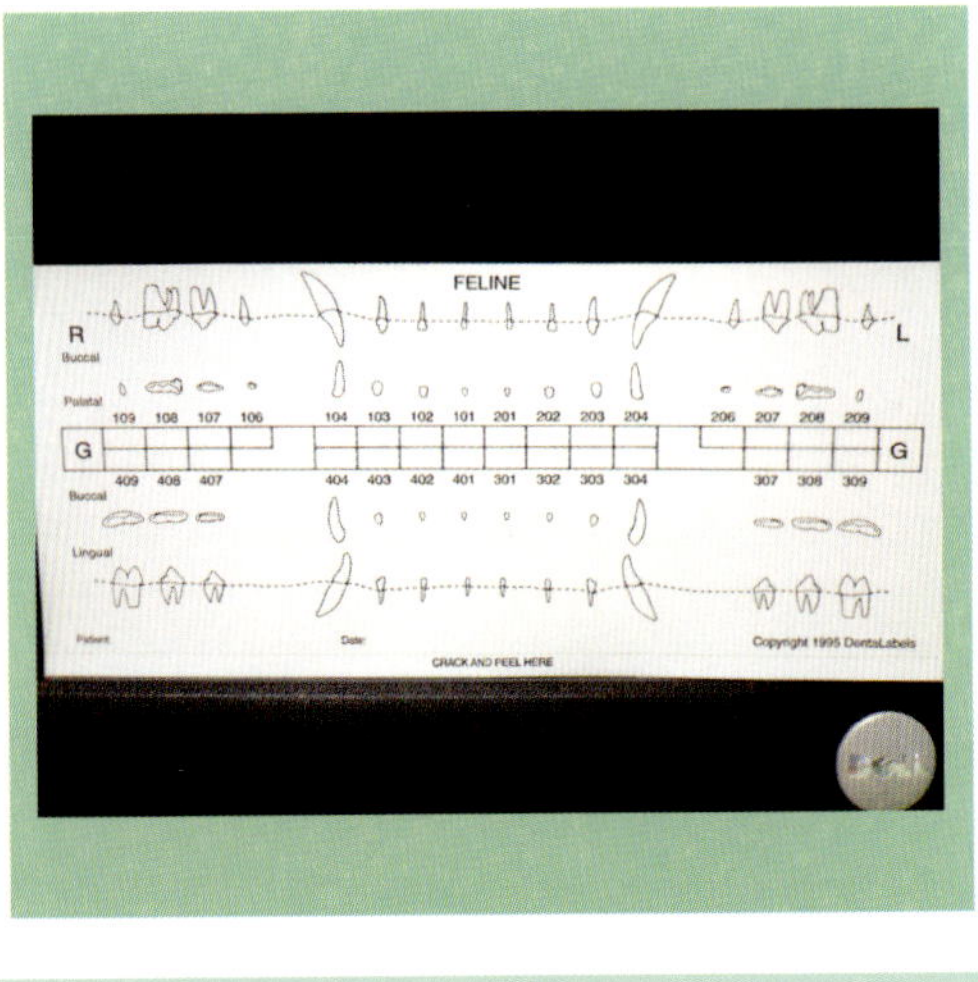

歯には切歯、犬歯、前臼歯、臼歯があり、歯科用カルテにはその略号を順にI、C、P、Mで現わしています。歯の構造歯の表面はエナメル質で覆われています。内側にエナメル質、セメント質接合部があり、その内側が象牙質になっています。

【デンタルケアー】

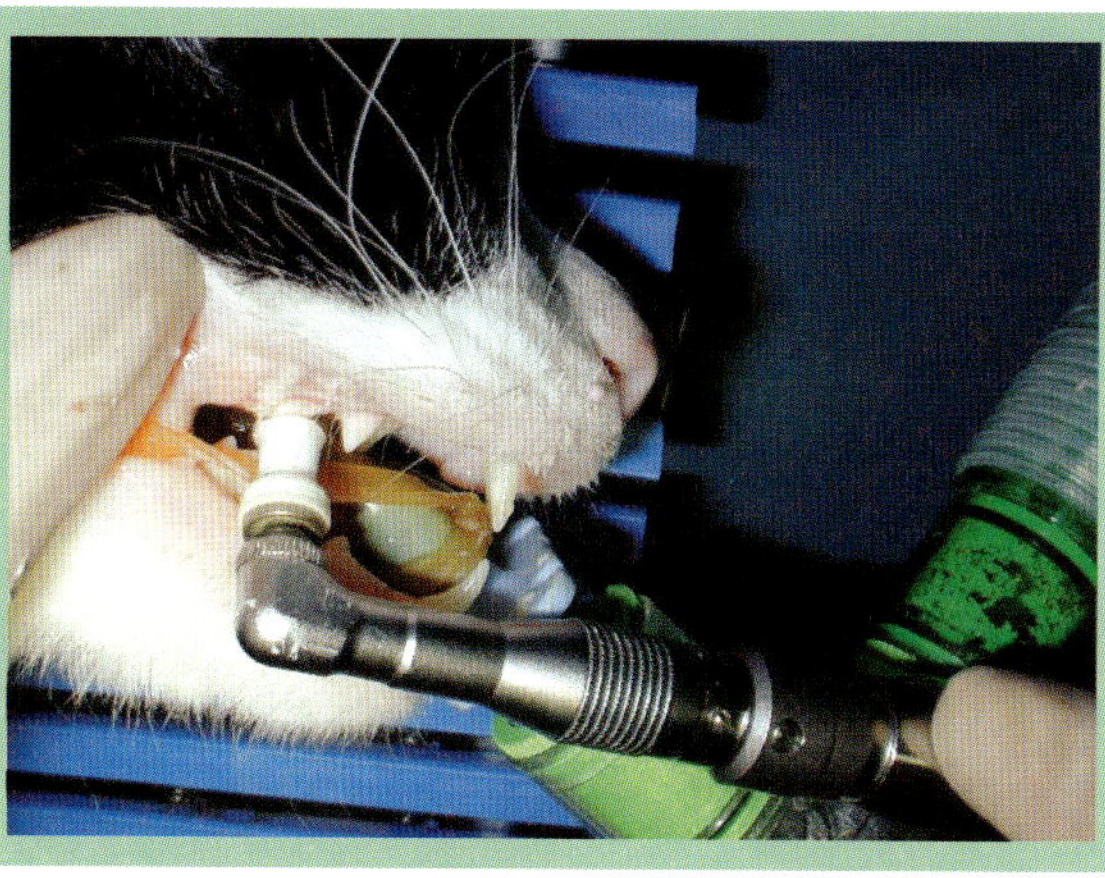

歯周組織は、セメント質、歯肉、歯槽骨、歯周靭帯からなります。セメント質は歯根を覆っている無機成分〝主にカルシウムとリン〟、であり、ヒドロキシアパタイト結晶と存在します。有機成分として、コラーゲン、セメント質を作り続ける細胞等があります。

歯肉は上顎骨と下顎骨の歯槽突起を覆い、歯の周囲を取り巻く軟組織。解剖学的には辺縁歯肉と付着歯肉にわけられます。

辺縁歯肉は健康状態であれば歯の表面と密着しています。健康な付着歯肉はしっかりしていて、弾力性があり、ピンク色です。しかし、〝猫によって色素沈着の差異があるため、ピンクばかりではありません〟

歯肉溝（歯周ポケット）

歯と辺縁歯肉の間の溝のことです。正常なポケットの深さは1㎜以内。歯周ポケットが3㎜になったら、元にはもどりません。これは歯石がつき、処置しないことによって起こる病的な

変化です。

歯槽骨

歯槽内面の歯緻密骨よりなる。

歯周靭帯

歯根と歯槽骨の間に位置する主にコラーゲン線維からなる。

虫歯を含み、口腔に痛みのある場合の猫の症状

●ドライフードを食べなくなる。
●遊ばない。
●グルーミングしなくなる。
●口臭がする。
●よだれを垂らす。

それがひどくなると、

●前足で口や顔を引っ掻くような、何かを取り除こうとするような仕草をする。
●首を傾けて、痛いところに触らないようにフードを食べる。

最終的には、

●口を開けることをしなくなる。
●当然水も飲めない。
●食べるという行動を停止する。
●沈鬱、嗜眠。

以上のようなことが、進行性に起こるのですが、それでは一体猫の虫歯の治療の適する時期はいつでしょうか。

治療は猫の痛みの生ずる前、つまりはこれらの症状が出る以前の段階で行うことが、猫に苦痛を与えず、健康を維持するために必要なことです。

虫歯は人間でも我慢できる種類の病気ではありません。猫にとっても、それは同じ事です。口は「食べ物」のはいる入り口です。食欲があっても、口の中の痛みで「フードを食べることを停止する状況」を想像してみましょう。〝食べたいけれど食べられない。餓死を選択する〟のです。悲惨なことになってしまいます。想像力を働かせ、猫の痛みの原因となる事柄を整理していきましょう。

歯垢

歯垢は歯を清潔にしてから数分以内に、唾液中の糖タンパクから形成される歯被膜が歯垢の沈着に先立って認められます。この被膜に口腔の細菌が付着した層として形成されます。

口腔内細菌については、母猫からの影響が大きいと思われます。口腔内の細菌感染が歯垢の付き方に大きく影響します。

グラム陽性球菌、グラム陰性桿菌、嫌気性菌など、口腔内のスワブをとり、培養試験をすることで、口腔内の細菌を知ることが出来ます。

歯石

歯垢に鉱物質の沈着が生じて歯石になります。上顎第三前臼歯の頬側に歯石が多く見られます。ここは唾液腺管の開口部に近く、歯石の鉱物質は唾液に由来しているからです。

歯石は茶色のような黄色です。歯石は歯肉を物理的に圧迫します。正常な唾液の流れを阻害します。それに伴い食物を残留させます。歯肉炎を起こし、また、歯石のあたる頬の粘膜部分に潰瘍を起こしたり、ビランさせたりします。

歯肉炎

歯肉炎は、今まであげた、歯垢、歯石などが引きおこす歯肉の炎症です。歯肉が常に細菌と接触する、すなわち持続的細菌感染によって炎症がおきます。

健康な歯肉はピンク色、もしくは色素沈着していても正常で健康な色ですが、歯に接している部分の歯肉が赤くなります。進行していけば歯肉は軽く触れただけで出血することもあります。何もしなくても出血、化膿もあります。歯肉炎は、その程度にもよりますが、原因の除去つまり歯垢、歯石などをとることで、その症状は軽減もしくは消退します。

歯肉炎を起こす歯以外の原因について

つまり、全身性疾患であるけれども、歯肉に炎症をおこすものとして考えられる疾患です。

ネコ白血病、カリシウイルス感染症、栄養異常、糖尿病などがあっての歯肉炎であれば、基礎疾患に対する適切な治療をしていきます。

歯周炎

歯周炎は歯周靭帯、歯、歯槽骨にまで歯肉炎の炎症が及んだ状態です。歯肉の退縮、歯根部の露出、歯肉溝の拡大、歯肉の腫脹などが含まれます。このような状態では抜歯、歯肉の切除など、状況に応じて治療を行います。

このような状態の猫の痛みは相当なものです。痛い部分にふれると、ギャーと悲鳴をあげ走り回ります、また嘔吐や食欲不振、よだれが粘性で血が混じることもあります。歯周炎は歯垢の細菌により引きおこされます。グラム陰性細菌の産生する内毒素が原因です。

計画的な抜歯

猫の歯科についてはワクチン接種時に、歯垢の着き具合、歯肉への炎症の程度などを診察していきます。必要があれば、デンタルケアをし、白く美しい歯に戻します。

こうして一年とか二年毎に、デンタルケアをしていくわけですが、年齢とともに、それでも歯茎の後退や歯肉ポケットが出来てきて、その部分から「虫歯」の発生が起こってきます。

厳密に言えば「虫歯の発生が予測されます」ということです。ポケットが3ミリ以上になれば「抜歯」してしまうことが一般的です。なぜなら、このようなポケットになってしまっては、元に戻る事は考えにくく、半年から一年以内に虫歯になる事が予測されるからです。

こうして、歯のケアは本当に健康な歯をのぞいて、出来れば十歳から十二歳くらいまで、抜歯を完了しておくことが、ネコの老後をより快適するテクニックです。

猫のデンタルケアには麻酔をかける必要があります。麻酔を安全にかけられる年齢とデンタルケアの終了年齢が一致していると、猫がその他の「老齢病」になったときでもその病気の治療に専念できます。このことはとても重要なポイントです。

猫はドクターの抜歯計画の元、虫歯という痛みを経験せず生きていくことができます。それは猫を愛する飼い主誰もが願う「自分の猫に痛い思いをさせたくない」という要望に即したものといえるでしょう。

虫歯の進行

歯のセメント質、エナメル質接合部が浸食され歯根部にまでおよび、象牙質が露出されれば、この部分は非常に過敏になります。

このような状態の歯を刺激すると、麻酔下であっても、猫の顎がガクガクするほどです。このような猫は、「食べたそうにするけれど食べないので、何かのどにでも引っかかっているのではないか」「急にやせてきた」とか「歳だから食べないけど動かなくなった」というようなことが診察の動機となります。

猫の状態を解説すれば、「歯がとにかく痛くて耐えられない、もう限界」ということです。こういう猫はそれ以前、痛いのを我慢しつつ必死に何とか食べてはきたものの、充分には食べてこられなかったため、体重は減っているのです。そして、水ですら口が痛くて飲めなくなると、今度は脱水が起こり、そうなると「急にやせた」「動けなくなる」といった状態になります。

このようなネコを診察すると「脱水、栄養不良、炎症性細胞の増加、貧血」などか起こっています。

猫の歯がなくなってしまうこと

私たちと暮らす猫にとっての食事はといえば、「キャットフード」ですね。しかしキャットフードを食べている猫にとって、歯は必要ではありません。

「うちの子カリカリかじって食べています」「やっぱり自分の歯がなくなったら柔らかい物しか食べられなくなるのでしょうか」歯を抜くとお話しすると、このような質問をされることがあります。

確かにカリカリ音をたててキャットフードを

食べる猫はいます。しかし、その一方で健康な歯を持っていながら丸飲みをしてしまう猫もいます。

この事は、猫がネズミを捕って食べるには歯がなくてはこまるけれど、キャットフードの形状つまり、猫が飲み込める大きさならば猫は飲み込んでしまえることを意味しています。

猫の歯の形状については図に示した通りですが、私たち人間の臼歯のように、砕いてこするような歯の構造を猫は持っていません。猫の歯は獲物を食いちぎり飲み込める大きさに切り裂くような構造です。ですから猫は歯がなくても大丈夫です。むしろ痛い歯があって物が食べられなくなるわけですから、その痛い歯がなくなればどんどんキャットフードを食べます。

猫の歯はいずれ抜けるのか

犬を飼っていた人は、老犬になったとき、歯がぐらぐらして抜けたという経験をしている場合があります。しかし猫も同じだと考えてはいけません。猫が肉食動物であること、生きた獲物をとって食べる生き物であるという原点に立ち返れば、「グラグラして抜けてしまうような歯」を持っているとは考えられません。

獲物が必死に抵抗するたびに歯が抜けていたのでは、猫はとうてい生きていけませんから。猫の歯は口の中に見えている部分以上に、歯根部は深くしっかりしています。

【ネコの歯の模型】

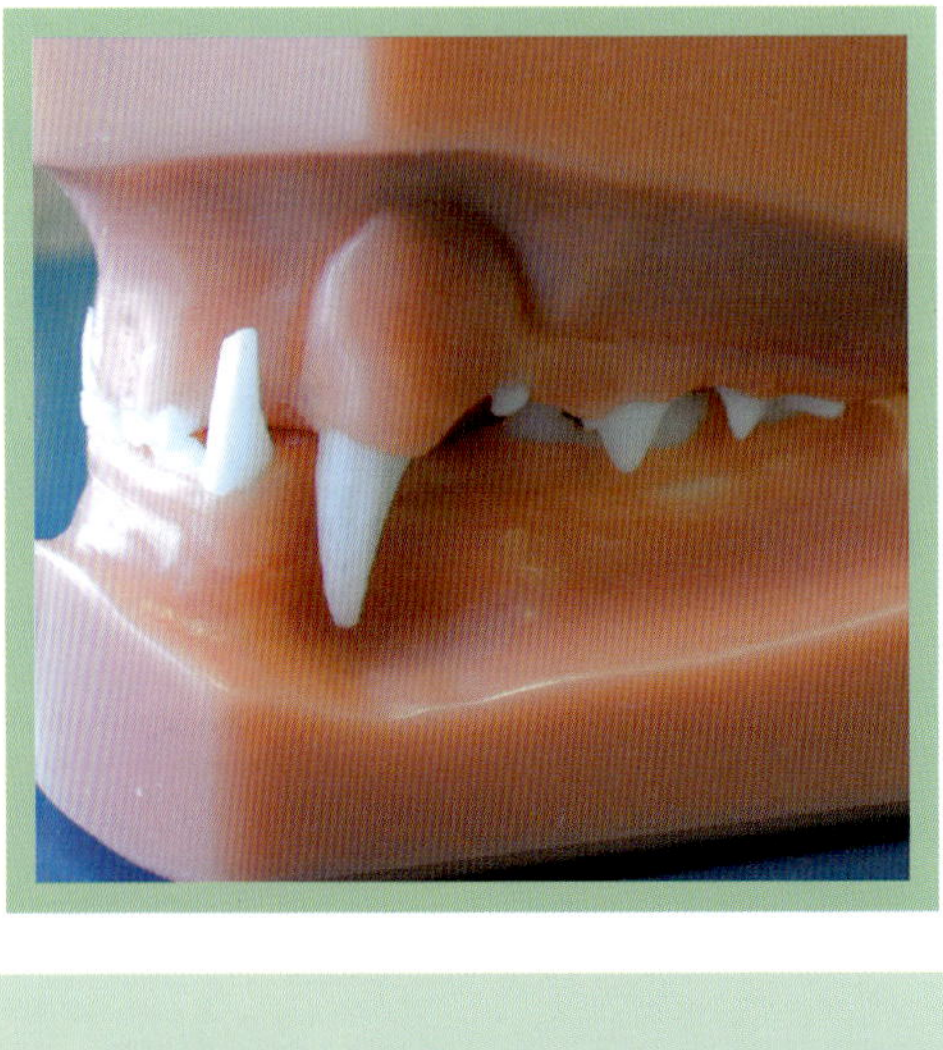

歯石の除去

歯石が出来た場合は速やかに除去する必要があります。ネコの場合は、歯石除去用器具（スケーラー）を使って、丁寧に歯石を取っていきます。ポリッシングを必ず行いましょう。歯石を取ることで、歯の表面に無数の傷が付きます。このままにすれば、歯垢がよけいに着きやすくなり、結果歯石の形成を早めてしまいます。歯石を取った後は、歯の表面をなめらかにするため、丁寧なポリッシングが必要です。

【スケーラー】

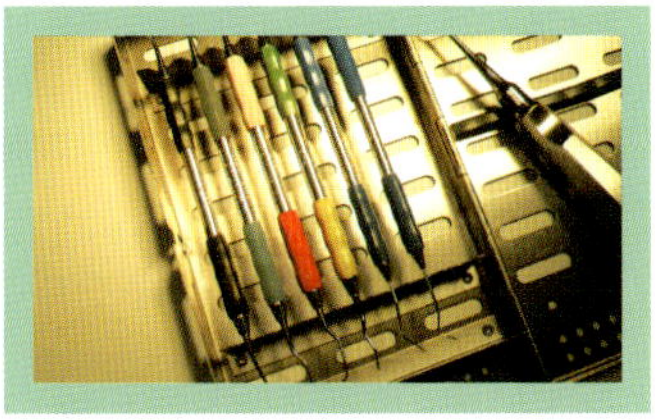

【デンタルマシン】

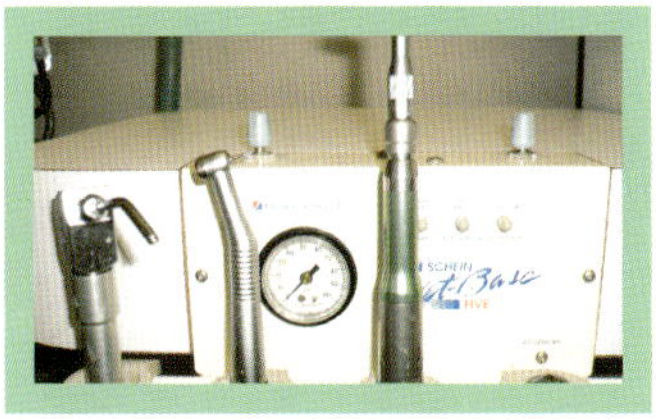

口腔内環境について

細菌、真菌、原虫などの及ぼす影響

これら、原因を特定する場合は、口腔内のスワブをとり、検査機関に依頼します。歯石は若い時期から着きやすいです。

歯石除去の処置をしたにもかかわらず、短期間のうちに口臭がおこる、歯石になってしまった。など、「歯垢、歯石の付き方が早い」「歯肉の炎症が歯石除去後も変化がない」などの症状が見られたときは、その原因の一つを知る手段として、口腔内感染の有無を検査することが必要になってくるでしょう。

検査機関では、原因が同定できれば、治療薬剤についても検査することが可能です。このようにして、猫の口腔内環境を健康な状態に保つことを心がけましょう。

PART 6…もう一つの老齢病として便秘

便秘という症状を理解するために

便秘という症状を理解するために、まず初めに、「消化器」についてお話ししましょう。「消化器」という食べ物を消化、吸収していく器官の働きについてです。まず食べ物は口から食道へ運ばれます。口に食べ物が入ると、唾液がでます。この中には「消化酵素」が含まれています。食べ物の中にふくまれる栄養分を体に吸収できるように分解するわけです。

これら「唾液」が出る腺は耳下腺、顎下腺、舌下腺です。このように、口の中に入ったときから、消化という仕事は始まります。

次は食道です。食道は気管といって肺に空気を通す管と隣り合わせにありますが、気管には食物が誤って入り込まないように、咽頭が反射し口頭がいが閉まるようになっています。

食べ物が誤って気管に入り、肺に入ってしまうことは大変危険な事です。時に私たちが、何かの拍子に気管に物が入ってしまったとき、咳き込むことがありますね。あれは、気管から食物を出そうとする体の反応です。

健康な猫の場合は、食べ物や水が誤って気管に入ってしまうということはほとんどありませんが、体が弱った猫の場合は誤嚥してしまう場合があります。

例えば、自力で水が飲めない猫にスポイトなどで強制的に水を飲ませている場合などです。こういう場合は注意深く行うことが大切です。

食道は4層からなります。

外側から外膜、筋層、粘膜下織、粘膜です。筋層は螺旋状で輪状筋、縦走筋からなり、これら二つの筋肉の蠕動運動で食物を胃に運びます。

胃は5つの部分に分けられます。噴門、胃底、胃体、幽門洞、幽門です。食道から、胃への入り口が噴門です。胃では食べ物を胃液「塩酸とタンパク質を分解する消化酵素を含んだ消化液」と混ぜて溶かします。胃は大きく分けて3つの働きをしています。

一つは消化される前の食物の貯蔵です、二つ目は粉砕機能による食物の撹拌と胃酸およびペプシンの分泌による消化、３つ目は小腸への胃内容物の排出です。こうして胃は口から入った食物を溶かし、小腸で消化を受けやすくしていきます。

小腸は十二指腸、空腸、回腸からなります。小腸では胃から運ばれた分解された食物を更に細かく消化していきます。十二指腸では肝臓からの胆汁でおもに脂肪分、膵臓からの膵液で、炭水化物、脂肪、タンパク質を消化します。こうして食べ物は小腸で消化が進んで、また、小腸の絨毛から、栄養分が吸収されます。小腸で栄養を吸収された後の食べ物が大腸に送られます。

大腸は結腸と直腸からなっていますが、ここでの主な仕事は水分の吸収です。

小腸には、絨毛《じゅうもう》があり、これは毛細血管とリンパ管があります。栄養分のなかの炭水化物はぶどう糖に、タンパク質はアミノ酸にそれぞれ分解され、毛細血管に入っていきます。脂肪はグリセリンと脂肪酸になってリンパ管に入ります。こうして分解され体に使われやすい形になった栄養分は絨毛の中の毛細血管を通って門脈へ入り肝臓へ運ばれます。

一方はリンパ管を通り体中へ運ばれるわけです。大腸ではこれらの作業で残った食物の最後の仕上げを行います。

大腸は直腸と結腸からなっていますが、ここでの主な仕事は水分の再吸収です。絨毛はほとんどありません。小腸から運ばれた水分でドロドロの食物の水分を吸収します。ここでちょうど良い堅さのウンチにします。大腸菌、ビフィフィズス菌などの腸内細菌も消化しきれていない食物を分解します。このときにガスが発生しますが、これはオナラです。

こうして、口から入った食べ物が直腸で最終的に仕上がった最後の形がウンチになって

排泄されるのです。

ここまでが、消化器の正常な働きです。では便秘とは一体どんな状態なのでしょうか。

便秘は結腸、および直腸にウンチが停滞してしまう状態をいいます。排便が困難であるとか、排便の頻度が減るなどの症状を便秘といいます。また便があるにも関わらず便意がなくなってしまうこともあります。

便秘という状態で消化器の直腸にとどまったウンチは、そこで水分が吸収されるわけですが、とどまればとどまるほど、固く乾燥したウンチになります。ウサギや山羊の糞のように、丸く小さなウンチが、肛門の付近でぶどうの房の用に固まりを作ってしまうような場合もあります。

肛門よりも物理的に大きなウンチの房になってしまったら、猫がトイレでの排便を試みても、とても自力では出せない場合もあります。

猫の便秘の要因としては、トイレが汚れている。排便時に、固いウンチをしたことで痛い思いをした。トイレの場所が安心できない、猫の砂の不具合など、猫のおかれている環境、心理的なものも便秘を引きおこす要因となります。腫瘍や異物、神経性の疾患、骨盤骨折、股関節や後肢の障害、体液や電解質の異常など。

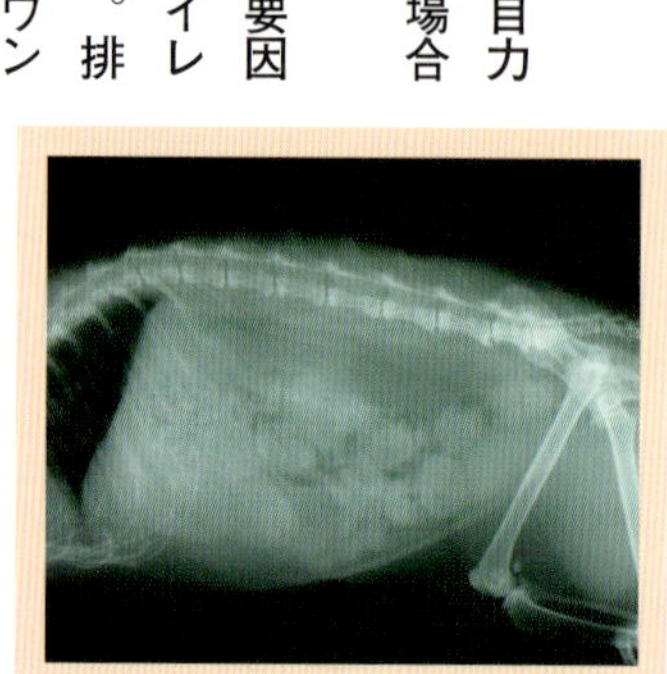

便秘のときの猫の様子

トイレに入って排便を試みていきんでみても出ない。トイレに入る前に走り回る、またはトイレの後に走り回る。長い間砂を掘っている。排便の体勢を何度も変えている。いきみが苦し

く嘔吐する。肛門から汁が流れる。食欲がない。老齢で弱っている場合はトイレで倒れ込むことがある。ハーハーハーハーと呼吸が速くなることがある「重大な鑑別点として、雄猫の尿道閉鎖」についてここで触れておきます。

雄ネコの尿道閉鎖も便秘と同じような猫の様子がみられることがあります。これは緊急事態です。つまり、雄猫の尿道が結晶で栓をされた状態になるわけです。

オシッコが物理的な閉塞で出なくなってしまうと、二十四時間以内に閉鎖を解除する必要がありますし、それが出来ないと死亡します。便秘との違いは時間との戦いというところです。雄猫の飼い主さんは自分の猫のオシッコの仕方を、常日頃から確認しておくことが重要です。

食事の質
添加物と便の性状

人間の場合、食べたもので、便の性状が変化します。野菜を食べるのは、その繊維質が整腸を助けるなどの利点があるからです。

肉食動物である猫についての食事を、家庭で猫の栄養学にそって手作りすることは、至難の業です。犬の場合は雑食として進化しているので、人間と食の共有はある程度できるでしょう。

猫が肉食動物であることを考えれば、自然界でワイルドキャットがたべているような、ネズミ、ウサギ、野鳥、昆虫などなどが適する物で、それらのものを人間が用意することは、大変な努力をすればできるでしょう。

しかし家庭の猫が、ネズミをムシャムシャ食べることを容認出来る飼い主さんはそう多くはありません。そこで、猫の場合はキャットフードに頼らざるを得ないという現状です。そこで、キャットフードの質が問われることになるのです。

猫も当然、食べたものによって、様々な性状の便になるわけですが、獣医師の推奨するキャットフードを食べている猫の場合は、比較的定期的に排便があります。また、老齢になって腸の働きが弱まって便秘になったとしても、便秘

の治療としては、浣腸で治療が可能です。

しかし、缶のキャットフードの中に、猫は好んで食べて、飼い主さんも「猫が喜んでいるから、きっとおいしいのでしょう」と解釈するようなキャットフードの中には、ある種の添加物が猫のウンチをまるで「粘土のかたまり」のようにしてしまうものもあり、このような物を食べている猫が便秘をしてしまうと、治療は困難を極めます。

老齢になったネコは腸の動き、蠕動運動も弱ってきます。まして運動をしなくなるので、「便秘」の傾向は強まります。この状態では、当然のこと、キャットフードはより厳選する必要性が出てきます。

脱水

脱水は老齢で慢性腎不全になった猫にしばしばみとめられる現象ですが（慢性腎不全の章を参照）、体に水分が足りなくなると、大腸にまで水分が行き渡らないのです。

慢性腎不全で、尿毒症になっている猫に点滴をして水飽和、つまりは脱水を補正して、体中に水分が行き渡ったときに、何日も直腸にとどまっていたウンチが自然に出て来ることがあります。

体に水分が足りないことで便秘になることを知ることは大切です。脱水している猫が便秘をしているからといって、すぐに浣腸するのではなく、まずは脱水を補正してから浣腸を行うことがよいでしょう。

老齢の猫では、便秘をしないようにさせることが家庭での大切なケアになります。小児用の浣腸剤などを用意しておくことで、排便をたすけることは、猫が踏ん張ったり、いきんだりする時間の短縮になります。

老齢猫の便秘のケアについては、まずあなたの猫の家庭医にその指導をうけることが不可欠です。猫の状態を診断してその猫の状態が理解できていればこそ、的確な指導ができるのです。

巨大結腸症

便が長期に渡って、結腸にとどまっていても、

参　考　文　献

猫の医学1
Robert G. sherding DVM
文永堂出版

THE CAT DISEASE AND CLINICAL MANAGEMENT SECOND EDITION
Robert G. sherding DVM
CHURCHILL LIVINGSTONE

猫の腫瘍
GREGORY K OGILVIE、ANTONY S. MOORE
INTER ZOO

猫の感染症
NIELS C. PEDERSEN
チクサン出版社

猫の疾病 第2版
Gary D Norsworthy
INTER ZOO

犬と猫の品種好発性疾患
Alex Gough Alion Thomas.
INTER ZOO

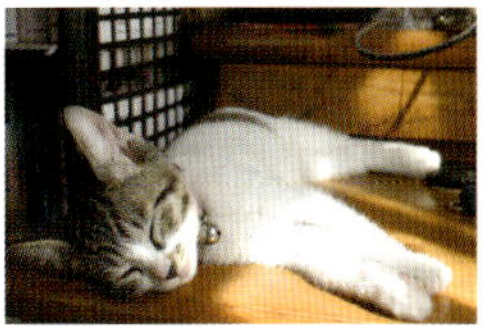

猫は便意すら感じなくなってしまう状態になります。結腸が袋のようになって、糞塊をため込むのです。

　巨大結腸症は結腸の運動性が低下する病気であり、結腸は著しく拡張した状態です。巨大結腸症は不可逆的な結腸の疾患であると認識されています。ですから、この治療は外科的に結腸を切除する方法がとられます。

新生物
腸の物理的な圧迫

結腸を物理的に圧迫するようなことがおきれば便秘がおきます。

　腸管の内側にできた新生物が、便の通りを妨げることで、便秘、もしくは便の出にくい状態を作り出すことがあります。猫の消化管腫瘍としては腸の腺癌や、消化管リンパ肉腫が見られます。

　これらは悪性腫瘍である可能性がたかいもので、猫の呈する症状としては、下痢、嘔吐、脱水、吸収不良、体重減少などが起きてきます。腫瘍の成長に伴いその症状は増悪します。

猫白血病は腸のリンパ肉腫の原因になります。

著者プロフィール
キャットホスピタル獣医師
NPO法人東京生活動物研究所理事長

南部美香

なんぶ みか

1962年東京生まれ。北里大学獣医学科卒業。厚生技官を経て、カリフォルニア州アーバインのTHE CAT HOSPITAL で研修を受ける。

帰国後、東京の渋谷区千駄ヶ谷で、ネコ専 門病院キャットホスピタルを、獣医師で童話作家の夫の和也さんと開業した。現在はNPO法人東京生活動物研究所・理事長を務める傍ら、NHK学園新宿オープンスクールで講義を行うなどして、ネコの生活向上のために活躍している。主な著書としては、「0才から2才のネコの育て方」(高橋書店)、「痛快！ねこ学」(集英社)、「愛するネコとの暮らし方」(講談社)、「ネコともっと楽しく暮らす本」(三笠書房)、「わたしは猫の病院のお医者さん」(講談社)など。

編集協力	アニマルボイス・藤原尚太郎
	グラスウインド・吉田貴之
写真協力	太田康介
	南部和也
取材協力	キャット ホスピタル
本文デザイン	KIDS
カバーデザイン	FROG KING STUDIO

症状と病名からひける
猫の医学大百科

2007年3月20日　初版第1刷発行

著者●南部美香
発行者●穂谷竹俊
発行所●株式会社 日東書院本社
〒160-0022　東京都新宿区新宿2丁目15番14号　辰巳ビル
TEL●03-5360-7522(代表)　FAX●03-5360-8951(販売部)
振替●00180-0-705733　URL●http://www.TG-NET.co.jp

印刷所・製本所●株式会社 公栄社

ISBN 978-4-528-01713-9 C2061